Wafaa Taia

Biodiversidade e taxonomia vegetal

Wafaa Taia

Biodiversidade e taxonomia vegetal

Definição, história e classificação das plantas

ScienciaScripts

Imprint

Any brand names and product names mentioned in this book are subject to trademark, brand or patent protection and are trademarks or registered trademarks of their respective holders. The use of brand names, product names, common names, trade names, product descriptions etc. even without a particular marking in this work is in no way to be construed to mean that such names may be regarded as unrestricted in respect of trademark and brand protection legislation and could thus be used by anyone.

Cover image: www.ingimage.com

This book is a translation from the original published under ISBN 978-620-2-05898-8.

Publisher:
Sciencia Scripts
is a trademark of
Dodo Books Indian Ocean Ltd. and OmniScriptum S.R.L publishing group

120 High Road, East Finchley, London, N2 9ED, United Kingdom
Str. Armeneasca 28/1, office 1, Chisinau MD-2012, Republic of Moldova, Europe
Printed at: see last page
ISBN: 978-620-7-87958-8

Conteúdo

Capítulo 1
O que é a Biodiversidade?

A biodiversidade ou diversidade biológica foi definida como "*a variabilidade entre os organismos vivos de todas as origens, incluindo os sistemas terrestres, marinhos e outros sistemas aquáticos e os complexos ecológicos de que fazem parte: isto inclui a diversidade dentro das espécies, entre espécies e dos ecossistemas*".

Ilustrações de vários níveis de biodiversidade

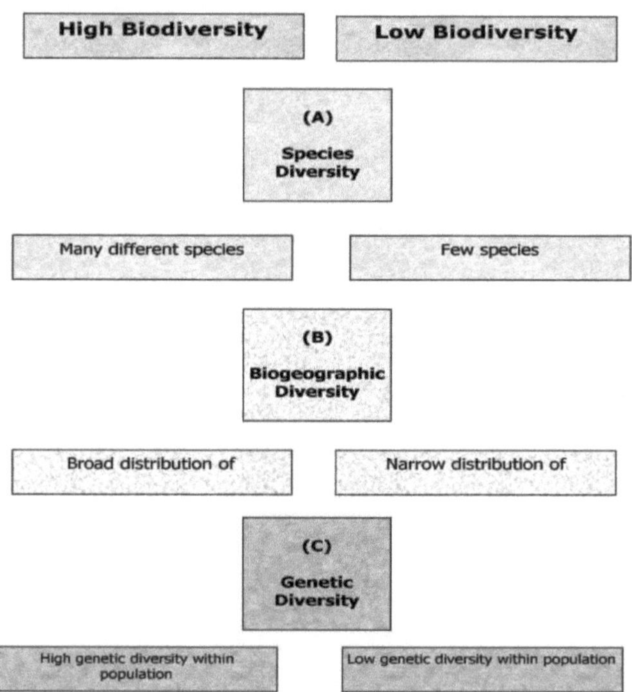

Diversidade de espécies

Refere-se à variedade de espécies vivas numa área geográfica.

Diversidade vegetal

Se observarmos todos os diferentes tipos de plantas que crescem na terra, podemos classificá-las num dos quatro grupos. Estes grupos são as **briófitas, as pteridófitas** ou plantas sem sementes, as

gimnospérmicas e **as angiospérmicas**. O mais complexo destes grupos é o das angiospérmicas ou plantas com flor.

As briófitas também são chamadas de plantas **não vasculares** porque não têm tecido vascular. Os outros três grupos têm tecido vascular verdadeiro, constituído por tubos que utilizam para transportar água, minerais e açúcares de um local para outro no interior da planta. Exemplos de briófitas são **os musgos**, as **hornworts** e **as liverworts**. Esta categoria de plantas não pode crescer muito porque utiliza principalmente a **difusão** simples para transportar água e outros materiais.

O grupo seguinte de plantas é o das pteridófitas ou plantas **sem sementes**. Estas plantas têm tecido vascular, mas não têm sementes como parte do seu ciclo de vida. Exemplos de pteridófitas são os **fetos** e as **cavalinhas**. As pteridófitas necessitam de água para se reproduzirem, pelo que só podem ser encontradas em locais húmidos.

O primeiro tipo de plantas com sementes é o das gimnospérmicas. Uma **semente** é constituída por uma planta bebé e pelo seu alimento, rodeada por uma cobertura protetora. Os tipos mais conhecidos de gimnospérmicas são as **coníferas**, como o **pinheiro**, o **abeto** e o **abeto**.

O último e mais complexo grupo de plantas é o das **angiospérmicas**. As angiospérmicas também têm sementes, mas as sementes estão contidas nas **flores**. As angiospérmicas são também designadas por plantas com flor. A flor é uma estrutura das angiospérmicas que é utilizada para a reprodução. As angiospérmicas também têm **frutos,** que ajudam a dispersar as sementes. Os frutos protegem as sementes e ajudam a espalhá-las até que estejam prontas para se transformarem em novas plantas.

Assim, existe uma grande variação na estrutura das plantas. Esta varia de microscópica a imensas árvores. O ambiente afecta a forma, o tamanho, a taxa de crescimento e a função fisiológica das plantas. Há uma grande variação nos tipos de ambientes. Os traqueídos são células especializadas na condução de água, desenvolvidas pelas plantas como uma adaptação ao ambiente terrestre. As embriófitas que possuem traqueídos são chamadas de traqueófitas, que são compostas por 10 filos. As não traqueófitas não possuem traqueídeos e têm 3 filos - Hepáticas, Hornworts e Musgos. É necessário um novo modo de reprodução para as plantas terrestres. Mais de 300.000 estão presentes, mas muitos milhares permanecem desconhecidos. As plantas são fotótrofos multicelulares, a maioria vive em terra e possui plastídeos, clorofila e gera energia através da fotossíntese. Armazenam amido como alimento de reserva e a sua parede celular é constituída por celulose. A maioria das plantas reproduz-se sexualmente, mas são capazes de se propagar assexuadamente. A alternância de gerações é uma caraterística universal dos ciclos de vida das plantas.

A componente fundamental da taxonomia

a- Classificaçãob-Identificação

c-Descrição d- Nomenclatura

a-Classificação é a colocação de plantas conhecidas em grupos ou categorias para mostrar alguma relação. A classificação científica segue um sistema de regras que padroniza os resultados e agrupa categorias sucessivas numa hierarquia. Por exemplo, a família a que pertencem os lírios é classificada da seguinte forma:

- Reino: Plantae

- Divisão: Magnoliophyta (Angiospérmicas)

- Classe: Liliopsida

- Ordem: Liliales

- **Família: Liliaceae**

- Géneros :.....

A classificação das plantas resulta num sistema organizado para a nomeação e catalogação de futuros espécimes e, idealmente, reflecte ideias científicas sobre as inter-relações entre plantas.

b-Identificação onde se determina o nome dos organismos pré-classificados. Para o efeito, existem várias formas de identificação, das quais se destacam

1- Determinação por peritos através da utilização de monografias, **revisões, conspectos, sinopses e floras.**

2- Comparação de espécies desconhecidas com espécimes, fotografias, ilustrações ou descrições bem nomeadas.

3- Com a ajuda de chaves, que são de dois tipos: **chave entre parêntesis ou chave indentada.** Na construção de uma chave, temos de escolher o carácter mais fácil de ser notado para o atribuir a priori nas identificações.

C-Descrição uma descrição científica tem de descrever cada carácter num sistema hierárquico. A unidade básica da descrição são os estados dos caracteres que se baseiam na morfologia ou noutro instrumento taxonómico.

d- Nomenclatura Onde temos que dar nomes a este espécime,. E isso é regido por **um código internacional de nomenclatura botânica (ICBN)** e deve ser **pela língua latina** e pelo **sistema binomial de nomenclatura.**

Capítulo 2

Taxonomia vegetal

O que é a taxonomia e qual a sua origem?

A taxonomia é a prática e a ciência da classificação, a palavra significa **lei da ordem, ou ciência da ordem.** Este ramo da ciência trata da organização dos seres vivos e do seu agrupamento de acordo com as suas semelhanças.

No entanto, o nosso universo tem enfrentado muitas provas de classificação desde a criação do homem. Os povos aperceberam-se de que há coisas imutáveis e fixas e outras que crescem, se reproduzem e até se movem. Assim, decidiram que existem dois grupos de coisas:- 1- coisas imutáveis 2- coisas mutáveis.

Mais tarde, descobriram que há plantas verdes e há animais e que ambos crescem e se reproduzem, mas pensaram que as plantas não se podem mover. Gradualmente, as coisas foram-se tornando mais claras e foram feitas tentativas de classificação para compreender o meio envolvente.

Existem três fases nos estudos taxonómicos: :-

1- fase exploratória, de recolha e posterior classificação.

2- Fase sistemática, em que são efectuados estudos exaustivos de herbário e de campo.

3- Fase biossistemática, onde são efectuados estudos genéticos, citológicos, anatómicos e químicos detalhados.

Aos trabalhos taxonómicos foi acrescentada uma **quarta fase** que é **a fase enciclopédica,** na qual todos os dados de todas as ferramentas estudadas são reunidos para formar uma classificação natural.

As duas primeiras fases compreendem a **taxonomia Alfa,** enquanto as outras duas fases compreendem a **taxonomia Ómega.**

A taxonomia, em geral, e a taxonomia vegetal, em particular, tem sofrido um longo desenvolvimento até aos dias de hoje. **Começa com a taxonomia popular,** passando pela **taxonomia artificial, em que apenas um carácter é utilizado para a classificação, e depois pela taxonomia natural,** com a invenção dos microscópios e o desenvolvimento de instrumentos de investigação, **em que mais caracteres têm de ser considerados na classificação. A taxonomia filogenética é a classificação de acordo com a relação de desenvolvimento.**

Capítulo 3

Introdução à classificação

Nesta secção, aprenderá sobre o **sistema de classificação de Linnaean**, utilizado nas ciências biológicas para descrever e categorizar todos os seres vivos. O objetivo é descobrir como os seres humanos se enquadram neste sistema. Para além disso, descobrirá parte da grande diversidade de formas de vida e compreenderá porque é que alguns animais são considerados próximos de nós na sua história evolutiva.

Quantas espécies existem?

Esta não é uma pergunta fácil de responder. Cerca de 1,8 milhões receberam nomes científicos. Cerca de 2/3 destas espécies são insectos. As estimativas do número total de espécies vivas variam geralmente entre 10 e 100 milhões. É provável que o número real seja da ordem dos 13 a 14 milhões, sendo a maioria insectos e formas de vida microscópicas das regiões tropicais. No entanto, é possível que nunca venhamos a saber quantas são, porque muitas delas extinguir-se-ão antes de serem contadas e descritas.

A enorme diversidade da vida atual não é nova no nosso planeta. O famoso paleontólogo Stephen Jay Gould calculou que 99% de todas as espécies de plantas e animais que existiram já se extinguiram, sendo que a maioria não deixou fósseis. É também humilhante perceber que os seres humanos e outros animais de grande porte são formas de vida estranhamente raras, uma vez que 99% de todas as espécies animais conhecidas são mais pequenas do que os abelhões.

Porque é que devemos estar interessados em aprender sobre a diversidade da vida?

Para compreendermos plenamente a nossa própria evolução biológica, temos de estar conscientes de que os seres humanos são animais e que temos parentes próximos no reino animal. Para isso, é importante compreender as distâncias evolutivas comparativas entre as diferentes espécies. Além disso, é divertido aprender sobre outros tipos de criaturas.

Quando é que os cientistas começaram a classificar os seres vivos?

Antes do advento dos modernos estudos evolutivos de base genética, a biologia europeia e americana consistia essencialmente em **taxonomia**, ou seja, na classificação dos organismos em diferentes categorias com base nas suas características físicas. Os principais naturalistas dos séculos XVIII e XIX passaram a vida a identificar e a dar nomes a plantas e animais recém-descobertos. No entanto, poucos se perguntavam o que explicava os padrões de semelhanças e diferenças entre os organismos. Esta abordagem basicamente não especulativa não é surpreendente, uma vez que a maioria dos naturalistas, há dois séculos, defendia a ideia de que as plantas e os animais (incluindo os seres humanos) tinham sido criados na sua forma atual e que se tinham mantido inalterados. Consequentemente, não fazia sentido perguntar como é que os organismos evoluíram ao longo do tempo. Do mesmo modo, era inconcebível que dois animais ou plantas pudessem ter tido um antepassado comum ou que espécies extintas pudessem ter sido antepassados de espécies modernas.

Um dos mais importantes naturalistas do século XVIII foi um botânico e médico sueco chamado Karl von Linnd. Escreveu 180 livros que descreviam principalmente espécies de plantas com grande pormenor. Uma vez que os seus escritos publicados estavam maioritariamente em latim, é hoje conhecido no mundo científico como **Carolus Linnaeus**, a forma latinizada que escolheu para o seu nome.

Em 1735, Linnaeus publicou um livro influente intitulado *Systema Naturae*, no qual delineou o seu esquema de classificação de todos os organismos conhecidos e ainda por descobrir, de acordo com a maior ou menor semelhança entre eles. Este sistema de classificação de Linnaeus foi amplamente aceite no início do século XIX e continua a ser o quadro de base para toda a taxonomia nas ciências biológicas atualmente.

O sistema de Linnaean utiliza duas categorias de nomes latinos, **género** e **espécie**, para designar cada tipo de organismo. Um género é uma categoria de nível superior que inclui uma ou mais espécies sob ele. Esta designação de nível duplo é designada por nomenclatura binomial ou **binomen** (literalmente "dois nomes" em latim). Por exemplo, Linnaeus descreveu os seres humanos no seu sistema com o binómio ***Homo sapiens***, ou "homem que é sábio"-*Homo* é o nosso género e *sapiens* é a nossa espécie.

genus		genus	
species	species	species	species

Linnaeus também criou categorias de classificação mais elevadas e mais inclusivas. Por exemplo, colocou todos os macacos e símios, juntamente com os seres humanos, na ordem dos **primatas**. A sua utilização da palavra Primatas (do latim *primus* que significa "primeiro") reflecte a visão do mundo centrada no ser humano da ciência ocidental durante o século XVIII. Implica que os humanos foram "criados" primeiro. No entanto, também indicava que as pessoas são animais.

order							
family				family			
genus		genus		genus		genus	
Tribe		Tribe		Tribe		Tribe	
species	species	species	species	species	species	species	species

Embora a forma do sistema de classificação de Linnaean permaneça substancialmente a mesma, o raciocínio que lhe está subjacente sofreu uma mudança considerável. Para Lineu e os seus contemporâneos, a taxonomia servia para demonstrar a ordem imutável inerente à criação bíblica e era um fim em si mesma. Nesta perspetiva, passar uma vida

dedicado a descrever e nomear com precisão os organismos era um ato religioso porque revelava a grande complexidade da vida criada por Deus.

Esta visão estática da natureza foi derrubada na ciência em meados do século XIX por um pequeno número de naturalistas radicais, nomeadamente **Charles Darwin**. Darwin forneceu provas conclusivas da ocorrência da evolução das formas de vida. Além disso, propôs a seleção natural como o mecanismo responsável por essas mudanças.

No final da sua vida, Linnaeus começou também a ter algumas dúvidas quanto ao facto de as espécies serem imutáveis. Os cruzamentos que deram origem a novas variedades de plantas sugeriam-lhe que as formas de vida podiam sofrer algumas alterações. No entanto, não chegou a aceitar a evolução de uma espécie para outra.

Porque é que atualmente classificamos os seres vivos?

Desde a época de Darwin, a classificação biológica passou a ser entendida como um reflexo das distâncias evolutivas e das relações entre os organismos. As criaturas do nosso tempo tiveram antepassados comuns no passado. Num sentido muito real, são membros da mesma árvore genealógica.

A grande diversidade da vida é, em grande parte, o resultado da evolução ramificada ou **radiação adaptativa**. Trata-se da diversificação de uma espécie em diferentes linhagens à medida que estas se adaptam a novos nichos ecológicos e acabam por evoluir para espécies distintas. A seleção natural é o principal mecanismo que impulsiona a radiação adaptativa.

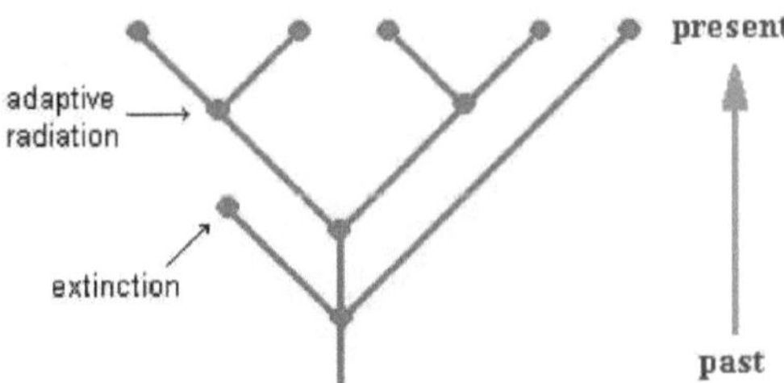

A **classificação científica** ou **classificação biológica** é a forma como os biólogos agrupam e categorizam as espécies extintas e vivas de organismos. A classificação moderna tem as suas raízes no sistema de Carolus Linnaeus , que agrupou as espécies de acordo com características físicas comuns. Estes agrupamentos foram revistos desde Linnaeus para melhorar a coerência com o princípio darwiniano da descendência comum. A sistemática molecular, que utiliza a análise do ADN genómico, conduziu a muitas revisões recentes e é provável que continue a fazê-lo. A classificação científica pertence à ciência da taxonomia ou sistemática biológica .

Sistemas antigos

O mais antigo sistema de classificação de formas de vida conhecido vem do filósofo grego Aristóteles, que classificou os animais com base no seu meio de transporte (ar, terra ou água).

Em 1172, Ibn Rushd (Averróis), que era juiz (Qaadi) em Sevilha, traduziu e resumiu o livro *de Aristóteles "De Anima"* (*Sobre a Alma*) para árabe. O seu comentário original perdeu-se, mas a sua tradução para latim por Michael Scot sobrevive. Um avanço importante foi feito pelo professor suíço, Conrad von Gesner (1516a☐ "1565). O trabalho de Gesner foi uma compilação crítica da vida conhecida na época.

A exploração de partes do Novo Mundo trouxe em seguida descrições e espécimes de muitas formas novas de vida animal. Na última parte do século XVI e no início do século XVII, iniciou-se um estudo cuidadoso dos animais, que, primeiro dirigido a tipos familiares, foi gradualmente alargado até formar um corpo de conhecimentos suficiente para servir de base anatómica para a classificação. Os avanços no uso desse conhecimento para classificar os seres vivos são devidos às pesquisas de anatomistas médicos, como Fabricius (1537a□"1619),Petrus Severinus (1580a□"1656), William Harvey (1578a□"1657) e Edward Tyson (1649a□"1708). Os avanços na classificação devido ao trabalho dos entomologistas e dos primeiros microscopistas devem-se à investigação de pessoas como Marcello Malpighi (1628a□ "1694), Jan Swammerdam (1637a□ "1680) e Robert Hooke (1635a□ "1702).

John Ray (1627a□ "1705) foi um naturalista inglês que publicou importantes obras sobre plantas, animais e teologia natural. A abordagem que adoptou para a classificação das plantas na sua Historia Plantarum foi um passo importante para a taxonomia moderna. Ray rejeitou o sistema de divisão dicotómica, segundo o qual as espécies eram classificadas de acordo com um sistema de tipos pré-concebido e, em vez disso, classificou as plantas de acordo com as semelhanças e diferenças resultantes da observação.

Linnaeus

Dois anos após a morte de John Ray, nasceu Carolus Linnaeus (1707a□"1778). A sua grande obra, o *Systema Naturae*, teve doze edições durante a sua vida (1.ª ed. 1735). Nesta obra, a natureza foi dividida em três reinos: mineral, vegetal e animal. Linnaeus utilizou quatro classificações: classe, ordem, género e espécie.

Linnaeus é mais conhecido pela introdução do método ainda utilizado para formular o nome científico de cada espécie. Antes de Linnaeus, utilizavam-se nomes longos com muitas palavras, mas como esses nomes davam uma descrição da espécie, não eram fixos. Ao usar consistentemente um nome latino de duas palavras a□ " o nome do género seguido do epíteto específico a□ " Linnaeus separou a nomenclatura da taxonomia. Esta convenção para nomear espécies é referida como nomenclatura binomial.

Atualmente, a nomenclatura é regulada pelos códigos de nomenclatura, que permitem a divisão dos nomes em categorias: ver categoria (botânica) e categoria (zoologia).

Desenvolvimentos modernos

Enquanto Linnaeus classificava para facilitar a identificação, é agora geralmente aceite que a classificação deve refletir o princípio darwiniano da <u>descendência comum</u>.

Desde os anos 60, surgiu uma tendência chamada taxonomia <u>cladística</u> ou cladismo, que organiza os taxa numa árvore evolutiva. Se um táxon inclui todos os descendentes de uma forma ancestral, é designado por <u>monofilético,</u> por oposição a <u>parafilético</u>. Outros grupos são designados <u>polifiléticos</u>

Está atualmente a ser desenvolvido um novo código formal de nomenclatura, o <u>PhyloCode</u>, destinado a lidar com clados e não com taxa. Não é claro, caso venha a ser implementado, como é que os diferentes códigos irão coexistir.

<u>Os domínios</u> são um agrupamento relativamente recente. O <u>sistema de três domínios</u> foi inventado pela primeira vez em 1990, mas só foi aceite mais tarde. Atualmente, a maioria dos biólogos aceita o sistema de domínios, mas uma grande minoria utiliza o método dos cinco reinos. Uma das principais características do método dos três domínios é a separação de Archaea e Bacteria, anteriormente agrupadas no único reino Bacteria (por vezes Monera). Uma pequena minoria de cientistas acrescenta Archaea como um sexto reino, mas não aceita o método dos domínios.

Exemplos

Seguem-se as classificações habituais de cinco espécies: a <u>mosca da fruta</u> tão familiar nos laboratórios de genética (*Drosophila melanogaster*), os seres <u>humanos</u> (*Homo sapiens*), as <u>ervilhas</u> utilizadas por <u>Gregor Mendel</u> na sua descoberta da <u>genética</u> (*Pisum sativum*), o cogumelo *Amanita muscaria* e a bactéria *Escherichia coli* . As oito classificações principais são apresentadas a negrito; é igualmente apresentada uma seleção de classificações secundárias.

Rank	Fruit fly	Human	Pea	Fly Agaric	E. coli
Domain	Eukarya	Eukarya	Eukarya	Eukarya	Bacteria
Kingdom	Animalia	Animalia	Plantae	Fungi	Bacteria
Phylum or Division	Arthropoda	Chordata	Magnoliophyta	Basidiomycota	Proteobacteria
Subphylum or subdivision	Hexapoda	Vertebrata	Magnoliophytina	Hymenomycotina	
Class	Insecta	Mammalia	Magnoliopsida	Homobasidiomycetae	Proteobacteria
Subclass	Pterygota	Placentalia	Magnoliidae	Hymenomycetes	

Rank	Fruit fly	Human	Pea	Fly Agaric	E. coli
Order	Diptera	Primates	Fabales	Agaricales	Enterobacteriales
Suborder	Brachycera	Haplorrhini	Fabineae	Agaricineae	
Family	Drosophilidae	Hominidae	Fabaceae	Amanitaceae	Enterobacteriaceae
Subfamily	Drosophilinae	Homininae	Faboideae	Amanitoideae	
Genus	*Drosophila*	*Homo*	*Pisum*	*Amanita*	*Escherichia*

Notas:

- Os botânicos e micologistas utilizam convenções de nomeação sistemática para os táxones superiores, utilizando o radical latino do género tipo para esse táxon, mais uma terminação padrão (ver abaixo uma lista de terminações padrão). Por exemplo, a família das rosas Rosaceae recebe o nome do caule "Ros-" do género tipo *Rosa* mais a terminação padrão "- aceae" para uma família.

- Os zoólogos utilizam convenções semelhantes para os taxa superiores, mas apenas até ao nível de superfamília.

- Os taxa superiores e, especialmente, os taxa intermédios são susceptíveis de revisão à medida que se descobrem novas informações sobre as relações. Por exemplo, a classificação tradicional dos primatas (classe Mammalia - subclasse Theria - infraclasse Eutheria - ordem Primates) é posta em causa por novas classificações como a de McKenna e Bell (classe Mammalia - subclasse Theriformes - infraclasse Holotheria - ordem Primates). Ver classificação dos mamíferos para uma discussão.

Estas diferenças surgem porque existe apenas um pequeno número de classificações disponíveis e um grande número de pontos de ramificação no registo fóssil.

- Dentro das espécies, podem ser reconhecidas outras unidades. Os animais podem ser classificados em subespécies (por exemplo, *Homo sapiens sapiens*, humanos modernos). As plantas podem ser classificadas em subespécies (por exemplo, *Pisum sativum* subsp. *sativum*, a ervilha-de-jardim) ou variedades (por exemplo, *Pisum sativum* var. *macrocarpon*, ervilha-das-neves), sendo as plantas cultivadas designadas por um nome de cultivar (por exemplo, *Pisum sativum* var. *macrocarpon* 'Snowbird'). As bactérias podem ser classificadas por estirpes (por exemplo, Escherichia coli O157:H7, uma estirpe que pode causar intoxicação alimentar).

Sufixos de grupo

Os taxa acima do nível de género recebem frequentemente nomes derivados do radical latino (ou latinizado) do género tipo, mais um sufixo padrão. Os sufixos utilizados para formar estes nomes dependem do reino e, por vezes, do filo e da classe, tal como indicado no quadro seguinte.

Rank	Plant s	Alga e	Fungi	Animal s
Division/Phylum	-phyta	-phyta	-mycota	
Subdivision/Subphylum	-phytina	-phytina	-mycotina	
Class	-opsida	-phyceae	-mycetes	
Subclass	-idae	-phycidae	-mycetidae	
Superorder	-anae			
Order	-ales			
Suborder	-ineae			
Infraorder	-aria			
Superfamily	-acea	-oidea		
Family	-aceae	-idae		
Subfamily	-oideae	-inae		
Tribe	-eae	-ini		

Notas

- O radical de uma palavra pode não ser fácil de deduzir a partir da forma <u>nominativa tal</u> como aparece no nome do género. Por exemplo, "homo" (humano) em latim tem o radical "homin-", ou seja, <u>Hominid</u> ae, e não "Homidae".

Para os animais, existem sufixos normalizados para os taxa apenas até ao grau de superfamília.

O que é a classificação? - Um breve historial

A classificação é essencialmente um esforço dos cientistas para descobrir, reconstruir e clarificar a filogenia, ou história evolutiva, de um organismo ou grupo de organismos. Este esforço faz parte da sistemática, ou o estudo da diversidade e organização biológica. Os organismos são classificados num número de diferentes taxa, ou níveis.

O número e a profundidade dos taxa sistemáticos mudaram significativamente ao longo dos anos. Um sistema de dois reinos (plantas e animais) foi instituído em meados do século XVIII por Carolus Linnaeus, que também propôs o sistema binomial para a designação dos organismos (com o nome científico incluindo o nome do género e da espécie). Este sistema foi predominante e amplamente aceite durante mais de duzentos anos, mas tinha obviamente vários problemas importantes, incluindo a classificação ambígua de procariotas, protistas e fungos. Em 1969, o ecologista americano Robert H. Whittaker instituiu um sistema de cinco reinos com os reinos Monera (os procariotas), Protista (protistas unicelulares, multicelulares e coloniais), Plantae (as plantas - fotoautótrofos multicelulares com paredes celulares de celulose e órgãos discretos), Fungi (quimioheterótrofos multicelulares não móveis com um método reprodutivo e um ciclo de vida únicos) e Animalia (os animais - quimioheterótrofos multicelulares móveis com células sem paredes celulares). Este sistema prosperou durante três décadas e, de facto, continua a ser amplamente utilizado.

<u># Diagrama do esquema de classificação moderno:</u>

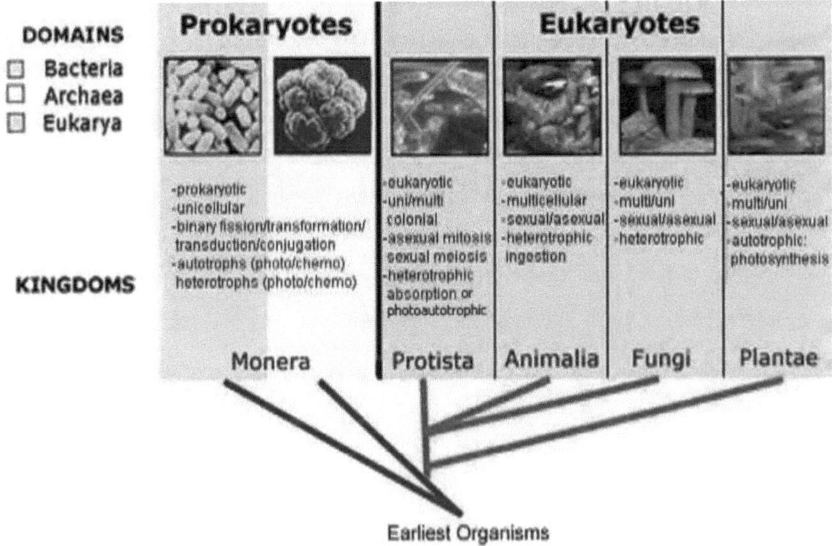

Nesta secção, no entanto, utilizaremos o sistema agora considerado geralmente como o melhor. Este novo sistema institui um taxon acima do reino - o domínio. De acordo com o novo sistema, a vida consiste em três domínios - Bacteria, Archaea e Eukarya. As Bactérias e Archaea são todos os procariontes - confinados a um único reino sob o sistema de Whittaker. Há uma série de distinções entre os dois domínios, que são discutidas numa
página separada.

Pensa-se que estes dois domínios divergiram muito cedo na evolução da vida. Os eucariotas divergiram então das Archaea e constituem o terceiro domínio, que consiste em reinos de plantas, animais, fungos e vários reinos protistas (para simplificar neste laboratório, referimo-nos a eles de forma abrangente como Reino Protista). Uma grande quantidade de investigação científica continua a ser feita para descobrir mais sobre este sistema de classificação e para o apoiar (ou refutar).

A sistemática clássica utiliza uma série de métodos para derivar diretamente a classificação de um organismo. Para além das considerações anatómicas (incluindo estruturas homólogas), a biologia molecular tornou-se uma ferramenta poderosa e contribui para a sistemática ao fornecer os meios para a comparação de proteínas e a análise de ADN e ARN.

Para além destes métodos clássicos directos, a análise cladística enraizou-se muito recentemente (desde a década de 1960). Envolve a utilização de métodos clássicos para organizar os organismos em clados, ou taxa monofiléticos. Cada clado partilha uma caraterística distinta. O estudo destas características no contexto de um ingroup (organismos que possuem qualquer uma das características) e de um outgroup (organismos que não possuem nenhuma) permitiu o estabelecimento de vários esquemas de classificação eficazes. Na análise cladística, cada caraterística, ou carácter, é vista como um carácter primitivo (comum a todo um grupo) ou um carácter derivado (que surgiu na evolução dentro do grupo). A análise cladística tende a ser mais objetiva do que a análise clássica e permite a formulação de hipóteses testáveis. Intimamente ligada à análise cladística está a parcimónia, ou a procura da filogenia prática mais simples para um organismo.

Com esta cartilha em mente, poderá compreender melhor a base da classificação dos nossos organismos.

A hierarquia da classificação biológica dos oito principais <u>graus taxonómicos</u>. As classificações intermédias menores não são apresentadas.

Capítulo 4

Classificação biológica

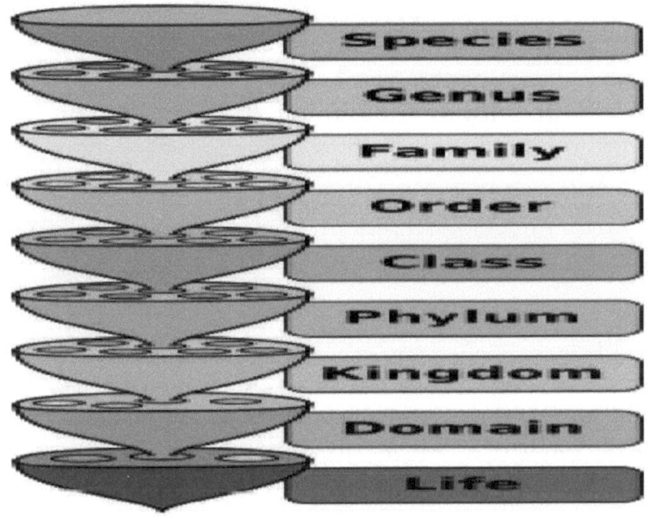

- **A classificação** biológica ou *classificação científica em biologia* é um método pelo qual os biólogos agrupam e categorizam as espécies de organismos. A classificação biológica é uma forma de taxonomia científica, mas deve ser distinguida da taxonomia popular, que carece de base científica. A classificação biológica moderna tem as suas raízes no trabalho de Carolus Linnaeus, que agrupou as espécies de acordo com características físicas comuns. Desde então, estes agrupamentos têm sido revistos para melhorar a coerência com o princípio darwiniano da descendência comum. A sistemática molecular, que utiliza sequências de ADN como dados, conduziu a muitas revisões recentes e é provável que continue a fazê-lo. A classificação biológica pertence à ciência da sistemática biológica.

Capítulo 5

Sistemas antigos

Da Antiguidade à Idade Média

Os sistemas actuais de classificação das formas de <u>vida</u> descendem do pensamento apresentado pelo filósofo grego <u>Aristóteles,</u> que publicou nas suas obras <u>metafísicas</u> e <u>lógicas</u> a primeira classificação conhecida de tudo o que é, ou "ser". Foi este esquema que deu aos modernos palavras como substância, espécie e género e que foi mantido, de forma modificada e menos geral, por <u>Linnaeus</u>.

Aristóteles também estudou os animais e classificou-os de acordo com o método de reprodução, tal como Linnaeus fez mais tarde com as plantas. A classificação dos animais de Aristóteles foi rapidamente tornada obsoleta por conhecimentos adicionais e foi esquecida.

A classificação filosófica é, resumidamente, a seguinte:^ Substância primária é o ser individual; por exemplo, Pedro, Paulo, etc. A substância secundária é um <u>predicado</u> que pode ser dito correcta ou caraterísticamente de uma classe de substâncias primárias; por exemplo, homem de Pedro, Paulo, etc. A caraterística não deve estar apenas no indivíduo; por exemplo, ser hábil em gramática. A habilidade gramatical deixa de fora a maior parte de Pedro e, portanto, não é caraterística dele. Da mesma forma, o homem (toda a humanidade) não está em Pedro; antes, ele está no homem.

A espécie é a substância secundária que é mais própria dos seus indivíduos. A coisa mais caraterística que se pode dizer de Pedro é que Pedro é um homem. Está a ser postulada uma identidade: O "homem" é igual a todos os seus indivíduos e só a esses indivíduos. Os membros de uma espécie diferem apenas em número, mas são totalmente do mesmo tipo.

O género é uma substância secundária menos caraterística e mais geral do que a espécie; por exemplo, o homem é um animal. Nem todos os animais são homens. É evidente que um género contém espécies. Não há limite para o número de géneros aristotélicos que podem conter as espécies. Aristóteles não estrutura os géneros em filo, classe, etc., como faz a classificação de Linnaean.

A substância secundária que distingue uma espécie de outra dentro de um género é a diferença específica. O homem pode assim ser compreendido como a soma de diferenças específicas (as "differentiae" da biologia) em categorias cada vez menos gerais. Esta soma é a definição; por exemplo, o homem é uma substância animada, sensata e racional. A definição mais caraterística contém a espécie e o género mais geral seguinte: o homem é um animal racional. A definição baseia-se, portanto, no problema da unidade: a espécie é apenas uma, mas tem muitas diferenças.

Os géneros mais elevados são as <u>categorias</u>. Há dez: uma de substância e nove de "acidentes", universais que devem estar "numa" substância. As substâncias existem por si mesmas; os acidentes estão apenas nelas: quantidade, qualidade, etc. Não existe uma categoria superior, o "ser", devido ao seguinte problema, que só foi resolvido na <u>Idade Média</u> por <u>Tomás de Aquino</u>: uma diferença específica não é caraterística do seu género. Se o homem é um animal racional, então a racionalidade não é uma propriedade dos animais. Por conseguinte, a substância não pode ser um género de ser porque não pode ter uma diferença específica, que teria de ser o não-ser.

O problema do ser ocupou a atenção dos escolásticos durante a Idade Média. A solução de S. Tomás, designada por analogia do ser, estabeleceu o domínio da <u>ontologia,</u> que recebeu a maior parte da publicidade e traçou também a fronteira entre a filosofia e a ciência experimental. Esta última surgiu no Renascimento a partir da técnica prática. O maior classificador científico, Linnaeus, um brilhante erudito clássico, combinou as duas no limiar do grande renascimento neo-classicista, atualmente designado por <u>Século das Luzes</u>.

Do Renascimento à Idade da Razão

Um avanço importante foi dado pelo professor suíço <u>Conrad von Gesner</u> (15161565). O trabalho de Gesner foi uma compilação crítica da vida conhecida na altura.

A exploração de partes do <u>Novo Mundo</u> produziu um grande número de novas plantas e animais que necessitavam de descrição e classificação. Os sistemas antigos dificultavam o estudo e a localização de todos estes novos espécimes numa coleção e, muitas vezes, as mesmas plantas ou animais recebiam nomes diferentes porque o número de espécimes era demasiado grande para memorizar. Era necessário um sistema que agrupasse estes espécimes de forma a poderem ser encontrados; o sistema binomial foi desenvolvido com base na <u>morfologia,</u> com grupos de aparência semelhante. Na segunda metade do século XVI e no início do século XVII, iniciou-se um estudo cuidadoso dos animais, que, primeiro dirigido a espécies familiares, foi gradualmente alargado até formar um corpo de conhecimentos suficiente para servir de base anatómica para a classificação. Os avanços na utilização destes conhecimentos para classificar os seres vivos devem-se à investigação de anatomistas médicos, como Fabricius (1537-1619), Petrus Severinus (1580-1656), William Harvey (1578-1657) e Edward Tyson (16491708). Os avanços na classificação devido ao trabalho dos entomologistas e dos primeiros microscopistas devem-se à investigação de pessoas como Marcello Malpighi (1628-1694), Jan Swammerdam (1637-1680) e Robert Hooke (1635-1702). Lord Monboddo (17141799) foi um dos primeiros pensadores abstractos cujos trabalhos ilustram o conhecimento das relações entre as espécies e que prefiguram a teoria da evolução.

Os primeiros metodistas

Desde finais do século XV, vários autores preocuparam-se com aquilo a que chamavam *methodus,* (método). Por método, os autores entendem um arranjo de minerais, plantas e animais de acordo com os princípios da divisão lógica. O termo *metodistas* foi cunhado por Carolus Linnaeus na sua *Bibliotheca Botanica* para designar os autores que se preocupam com os princípios de classificação (em contraste com os meros *coleccionadores* que se preocupam principalmente com a descrição das plantas, prestando pouca ou nenhuma atenção à sua organização em géneros, etc.). Os primeiros metodistas importantes foram um filósofo, médico e botânico italiano Andrea Caesalpino, um naturalista inglês John Ray, um médico e botânico alemão Augustus Quirinus Rivinus e um médico, botânico e viajante francês Joseph Pitton de Tournefort.

Andrea Caesalpino (1519-1603), no seu *De plantis libri XVI* (1583), propôs a primeira organização metódica das plantas. Com base na estrutura do tronco e da frutificação, dividiu as plantas em quinze "géneros superiores".

John Ray (1627-1705) foi um naturalista inglês que publicou importantes obras sobre plantas, animais e teologia natural. A abordagem que adoptou para a classificação das plantas na sua Historia Plantarum foi um passo importante para a taxonomia moderna. Ray rejeitou o sistema de divisão dicotómica, segundo o qual as espécies eram classificadas de acordo com um sistema de tipos pré-concebido e, em vez disso, classificou as plantas de acordo com as semelhanças e diferenças resultantes da observação.

Tanto Caesalpino como Ray utilizavam nomes tradicionais de plantas e, por conseguinte, o nome de uma planta não reflectia a sua posição taxonómica (por exemplo, embora a maçã e o pêssego pertencessem a "géneros superiores" diferentes no *método* de John Ray, ambos mantiveram os seus nomes tradicionais *Malus* e *Malus Persica*, respetivamente). Um novo passo foi dado por Rivinus e Pitton de Tournefort, que fizeram do género um nível distinto na hierarquia taxonómica e introduziram a prática de designar as plantas de acordo com os seus géneros.

Augustus Quirinus Rivinus (1652-1723), na sua classificação das plantas com base nos caracteres da flor, introduziu a categoria de ordem (correspondente aos géneros "superiores" de John Ray e Andrea Caesalpino). Foi o primeiro a abolir a antiga divisão das plantas em ervas e árvores e insistiu que o verdadeiro método de divisão devia basear-se apenas nas partes da frutificação. Rivinus utilizou extensivamente chaves dicotómicas para definir tanto as ordens como os géneros. O seu método de designação das espécies vegetais assemelhava-se ao de Joseph Pitton de Tournefort. Os nomes de todas as plantas pertencentes ao mesmo género devem começar com a mesma palavra (nome genérico). Nos géneros que continham mais de uma espécie, a primeira espécie era designada apenas com o nome genérico, enquanto a segunda, etc., era designada com uma combinação do nome genérico e um modificador (*differentia specifica*).

Joseph Pitton de Tournefort (1656-1708) introduziu uma hierarquia ainda mais sofisticada de classe, secção, género e espécie. Foi o primeiro a utilizar de forma consistente os nomes de espécies uniformemente compostos, que consistiam num nome genérico e numa frase diagnóstica *differentia specifica de* várias palavras. Ao contrário de Rivinus, utilizou *differentiae* para todas as espécies de géneros politípicos.

Sistemas modernos

Linnaean

Dois anos após a morte de John Ray, nasceu Carolus Linnaeus (1707-1778). A sua grande obra, o *Systema Naturae* (1ª ed. 1735), teve doze edições durante a sua vida. Nesta obra, a natureza foi dividida em três reinos: mineral, vegetal e animal. Linnaeus utilizou cinco escalões: classe, ordem, género, espécie e variedade.

Abandonou os longos nomes descritivos das classes e ordens e os nomes genéricos de duas palavras (por exemplo, *Bursa pastoris*) ainda utilizados pelos seus predecessores imediatos (Rivinus e Pitton de Tournefort) e substituiu-os por nomes de uma só palavra, forneceu aos géneros diagnósticos pormenorizados (*characteres naturales*) e reduziu numerosas variedades às suas espécies, salvando assim a botânica do caos das novas formas produzidas pelos horticultores.

Linnaeus é mais conhecido pela introdução do método ainda utilizado para formular o nome científico de cada espécie. Antes de Linnaeus, utilizavam-se nomes longos e com muitas palavras (compostos por um nome genérico e uma *differentia specifica*), mas como estes nomes davam uma descrição da espécie, não eram fixos. Na sua *Philosophia Botanica* (1751), Linnaeus esforçou-se por melhorar a composição e reduzir a extensão dos nomes com muitas palavras, abolindo retóricas desnecessárias, introduzindo novos termos descritivos e definindo o seu significado com uma precisão sem precedentes. No final da década de 1740, Linnaeus começou a utilizar um sistema paralelo de designação das espécies com os *nomina trivialia*. *Nomen triviale*, um nome trivial, era um epíteto de uma ou duas palavras colocado na margem da página ao lado do nome "científico" com muitas palavras. As únicas regras que Linnaeus lhes aplicava era que os nomes triviais deviam ser curtos, únicos dentro de um determinado género, e que não deviam ser alterados. Linnaeus aplicou consistentemente *nomina trivialia* às espécies de plantas em *Species Plantarum* (1ª ed. 1753) e às espécies de animais na 10ª edição de *Systema Naturae* (1758).

Ao utilizar sistematicamente estes epítetos específicos, Linnaeus separou a nomenclatura da taxonomia. Embora o uso paralelo de *nomina trivialia* e de nomes descritivos com muitas palavras tenha continuado até finais do século XVIII, foi gradualmente substituído pela prática de usar nomes próprios mais curtos, combinando o nome genérico e o nome trivial da espécie. No século XIX, esta nova prática foi codificada nas primeiras Regras e Leis de Nomenclatura, e a 1ª ed. de *Species Plantarum* e a 10ª ed. de *Systema Naturae* foram escolhidas como pontos de partida para a Nomenclatura Botânica e Zoológica, respetivamente. Esta convenção para a designação das espécies é designada por nomenclatura binomial.

Atualmente, a nomenclatura é regulada por códigos de nomenclatura, que permitem dividir os nomes em categorias taxonómicas.

Classificações taxonómicas

Existem 8 categorias taxonómicas principais: domínio, reino, filo, classe, ordem, família, género e espécie.

Existem classificações ligeiramente diferentes para a zoologia e para a botânica.

Classificações taxonómicas

Classificação

Domínio

Reino Unido

Filo ou divisão

Subfilo ou subdivisão

Classe

Subclasse

Encomendar

Subordem

Família

Subfamília

Género

Evolutiva

Enquanto Linnaeus classificava para facilitar a identificação, é agora geralmente aceite que a classificação deve refletir o princípio darwiniano da descendência comum.

Desde os anos 60, surgiu uma tendência chamada taxonomia cladística (ou cladística ou cladismo), que organiza os taxa numa árvore evolutiva. Se um táxon inclui todos os descendentes de uma forma ancestral, é designado por monofilético, por oposição a parafilético. Outros grupos são chamados polifiléticos.

Está atualmente a ser desenvolvido um novo código formal de nomenclatura, o PhyloCode, que passará a chamar-se "Código Internacional de Nomenclatura Filogenética" (CINF), destinado a lidar com clados que não têm classificações definidas, ao contrário da taxonomia convencional de Linnaean. Não é claro, caso seja implementado, como é que os diferentes códigos irão coexistir.

Os domínios são um agrupamento relativamente recente. O sistema de três domínios foi inventado pela primeira vez em 1990, mas só foi aceite mais tarde. Atualmente, a maioria dos biólogos aceita o sistema de domínios, mas uma grande minoria utiliza o método dos cinco reinos. Uma das principais características do método dos três domínios é a separação de Archaea e Bacteria, anteriormente agrupadas no único reino Bacteria (um reino também por vezes chamado

Monera). Consequentemente, os três domínios da vida são conceptualizados como Archaea, Bacteria e Eukaryota (que inclui os eucariotas com núcleo). Uma pequena minoria de cientistas acrescenta Archaea como um sexto reino, mas não aceita o método do domínio.

Thomas Cavalier-Smith, que publicou muito sobre a classificação dos protistas, propôs recentemente que os Neomura, o clado que agrupa os Archaea e os Eukarya, teriam evoluído a partir das Bacteria, mais precisamente das Actinobacteria.

Linnaeus 1735 kingdoms	Haeckel 1866 kingdoms	Chatton 1937 2 empires	Copeland 19564 kingdoms	Whittaker 1969 kingdoms	Woese et al. 1977 6 kingdoms	Woese et al. 1990 domains
(not treated)	Protista	Prokaryota	Monera	Monera	Eubacteria	Bacteria
					Archaebacteria	Archaea
		Eukaryota	Protista	Protista	Protista	Eukarya
				Fungi	Fungi	
Vegetabilia	Plantae					
			Plantae	Plantae	Plantae	
Animalia	Animalia		Animalia	Animalia	Animalia	

Autoridades (citação do autor)

O nome de qualquer táxon pode ser seguido pela "autoridade" do nome, ou seja, o nome do autor que primeiro publicou uma descrição válida do mesmo. Estes nomes são frequentemente abreviados: a abreviatura "L." é universalmente aceite para Linnaeus, e em botânica existe uma lista regulamentada de abreviaturas padrão (ver lista de botânicos por abreviatura de autor). O sistema de atribuição de autoridades é ligeiramente diferente nos diferentes ramos da biologia: ver citação de autor (botânica) e citação de autor (zoologia). No entanto, é habitual que, se um nome ou colocação tiver sido alterado desde a descrição original, o nome da primeira autoridade seja colocado entre parênteses e a autoridade para o novo nome ou colocação possa ser colocada a seguir (geralmente apenas em botânica).

Identificadores globalmente únicos para nomes

Existe um movimento no seio da comunidade informática da biodiversidade no sentido de fornecer Identificadores Únicos Globais sob a forma de Identificadores de Ciências da Vida para todos os nomes biológicos. Isto permitiria aos autores citar os nomes sem ambiguidade nos meios electrónicos e reduzir a importância dos erros na ortografia dos nomes ou na abreviatura dos nomes de autoridade. Três grandes bases de dados nomenclaturais (designadas por nomencladores) já iniciaram este processo, nomeadamente o Index Fungorum, o International Plant Names Index e o Zoo Bank. Outras bases de dados, que publicam dados taxonómicos e não nomenclaturais, começaram também a utilizar LSID para identificar **taxa**. O principal exemplo é o Catalogue of Life. O próximo passo na integração será quando estas bases de dados taxonómicas incluírem referências às bases de dados nomenclaturais que utilizam LSID.

Capítulo 6

Plantas com flores e fontes de informação taxonómica

1- Morfologia e Anatomia

Os caracteres morfológicos são o primeiro passo na taxonomia das Angiospermas, quer vegetativa quer floral. Os caracteres florais são os mais úteis nas chaves taxonómicas devido à sua estabilidade, pelo que temos de nos basear neles para construir uma chave.

ORGANIZAÇÃO ESTRUTURAL DAS PLANTAS

A descrição das diversas formas de vida na Terra era feita apenas por observação - a olho nu ou, mais tarde, através de lentes de aumento e microscópios. Esta descrição refere-se principalmente às características estruturais grosseiras, tanto externas como internas. Além disso, os fenómenos vivos observáveis e perceptíveis eram também registados como parte desta descrição. Antes de a biologia experimental ou, mais especificamente, a fisiologia, ter sido estabelecida como uma parte da biologia, os naturalistas descreviam apenas a biologia. Assim, a biologia permaneceu durante muito tempo como uma história natural. A descrição, por si só, era espantosa em termos de pormenor. Embora a reação inicial de um estudante possa ser de aborrecimento, não se deve esquecer que a descrição pormenorizada foi utilizada na biologia reducionista posterior, em que os processos vivos atraíam mais a atenção dos cientistas do que a descrição das formas de vida e da sua estrutura. Assim, esta descrição tornou-se significativa e útil para enquadrar questões de investigação em fisiologia ou biologia evolutiva. Nos capítulos seguintes desta unidade, descreve-se a organização estrutural das plantas e dos animais, incluindo a base estrutural dos fenómenos fisiológicos ou comportamentais. Por conveniência, esta descrição das características morfológicas e anatómicas é apresentada separadamente para plantas e animais.

Se arrancares qualquer erva daninha, verás que todas elas têm raízes, caules e folhas. Podem ter flores e frutos. A parte subterrânea da planta com flor é o sistema radicular, enquanto a parte acima do solo forma o sistema de rebentos.

A RAIZ

Na maioria das plantas dicotiledóneas, o alongamento direto da radícula leva à formação de uma raiz primária que cresce no interior do solo. A raiz primária é o sistema radicular da planta, que tem raízes laterais de várias ordens, designadas por raízes secundárias, terciárias, etc. As raízes primárias e os seus ramos constituem o **sistema radicular axial,** como se vê na planta da mostarda. Nas plantas monocotiledóneas, a raiz primária tem uma vida curta e é substituída por um grande número de raízes. Estas raízes têm origem na base do caule e constituem o sistema radicular **fibroso**, como se vê na planta do trigo. Nalgumas plantas, como as gramíneas, a Monstera e a figueira-da-índia, as raízes nascem de outras partes da planta que não a radícula e são chamadas **raízes adventícias.** As principais funções do sistema radicular são a absorção de água e de minerais do solo, a fixação correcta das partes da planta, o armazenamento de alimentos de reserva e a síntese de reguladores de crescimento das plantas.

REGIÕES DA RAIZ

A raiz é coberta no seu ápice por uma estrutura semelhante a um dedal, denominada tampa da raiz. Esta protege o ápice tenro da raiz durante o seu percurso no solo. Alguns milímetros acima do chapéu radicular encontra-se **a região de atividade meristemática**. As células desta região são muito pequenas, de paredes finas e com protoplasma denso. Elas dividem-se repetidamente. As células proximais a esta região sofrem um rápido alongamento e alargamento e são responsáveis pelo crescimento da raiz em comprimento. Esta região é denominada região de alongamento. As células da zona de alongamento diferenciam-se gradualmente e amadurecem. Por isso, esta zona, próxima da região de alongamento, é designada por região de maturação. A partir desta região, algumas das células epidérmicas formam estruturas muito finas e delicadas, semelhantes a fios, denominadas pêlos radiculares. Estes pêlos radiculares absorvem a água e os minerais do solo.

5.1.2 MODIFICAÇÕES DE RAIZ

As raízes de algumas plantas mudam a sua forma e estrutura e tornam-se modificadas para desempenhar outras funções para além da absorção e condução de água e minerais. São modificadas para suportar o armazenamento de alimentos e a respiração. As raízes axiais da cenoura, do nabo e as raízes adventícias da batata-doce incham e armazenam alimentos. Podes dar mais alguns exemplos? Já te perguntaste o que são aquelas estruturas suspensas que sustentam uma figueira-de-bengala? São as chamadas raízes propulsoras. Do mesmo modo, os caules do milho e da cana de açúcar têm raízes de suporte que saem dos nós inferiores do caule. São as chamadas raízes de estacas. Em algumas plantas, como a Rhizophora, que crescem em zonas pantanosas, muitas raízes saem do solo e crescem verticalmente para cima. Estas raízes, chamadas **pneumatóforos,** ajudam a obter oxigénio para a respiração.

Modificação da raiz para suporte: Árvore de Banyan

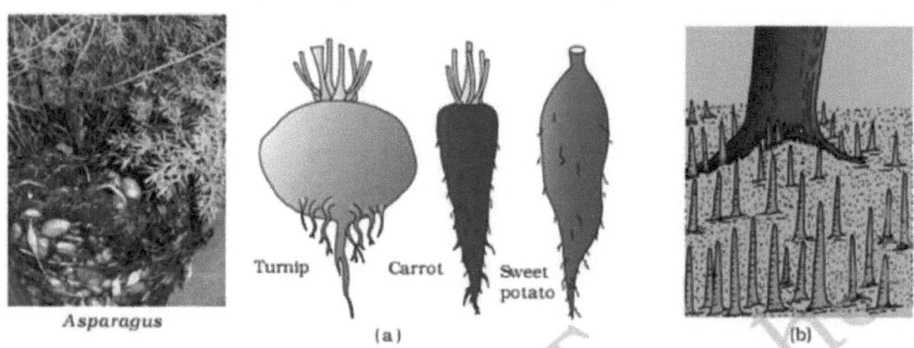

Modificação da raiz para: (a) armazenamento (b) respiração: pneumatóforo em Rhizophora

O STEM

Quais são as características que distinguem um caule de uma raiz? O caule é a parte ascendente do eixo que dá origem a ramos, folhas, flores e frutos. Desenvolve-se a partir da plúmula do embrião de uma semente em germinação. O caule apresenta nós e entrenós. As regiões do caule onde

28

nascem as folhas são chamadas de nós, enquanto os entrenós são as porções entre dois nós. O caule apresenta gemas, que podem ser terminais ou axilares. O caule é geralmente verde quando jovem e mais tarde torna-se frequentemente lenhoso e castanho escuro.

A principal função do caule é a de espalhar ramos com folhas, flores e frutos. Conduz água, minerais e fotossintatos. Alguns caules desempenham a função de armazenamento de alimentos, de suporte, de proteção e de propagação vegetativa.

MODIFICAÇÕES DO CAULE

O caule pode nem sempre ser tipicamente como o que se espera que seja. Eles são modificados para desempenharem diferentes funções (Figura 5.6). Os caules subterrâneos de batata, gengibre, açafrão-da-terra, zaminkand e Colocasia são modificados para armazenar alimentos neles. Também actuam como órgãos de perenização para ultrapassar condições desfavoráveis para o crescimento. **As gavinhas** do caule, que se desenvolvem a partir de gemas axilares, são delgadas e enroladas em espiral e ajudam as plantas a trepar, como nas cabaças (pepino, abóboras, melancia) e nas videiras. Os gomos axilares dos caules podem também modificar-se em espinhos lenhosos, rectos e pontiagudos. Os espinhos encontram-se em muitas plantas, como os citrinos e as buganvílias. Protegem as plantas dos animais que as pastam. Algumas plantas das regiões áridas transformam os seus caules em estruturas achatadas (***Opuntia***) ou cilíndricas carnudas (***Euphorbia***). Estes caules contêm clorofila e realizam a fotossíntese. Os caules subterrâneos de algumas plantas, como a erva e o morango, etc., espalham-se para novos nichos e, quando as partes mais velhas morrem, formam-se novas plantas. Em plantas como a hortelã e o jasmim, um ramo lateral esguio nasce da base do eixo principal e, depois de crescer em pleno ar durante algum tempo, arqueia-se para baixo até tocar no solo. Nas plantas aquáticas, como a *Pistia* e a *Eichhornia,* encontra-se um ramo lateral com entrenós curtos e cada nó com uma roseta de folhas e um tufo de raízes. Na bananeira, no ananás e no *crisântemo*, os ramos laterais têm origem na porção basal e subterrânea do caule principal, crescem horizontalmente sob o solo e depois saem obliquamente para cima, dando origem a rebentos folhosos.

A FOLHA

A folha é uma estrutura lateral, geralmente achatada, que se apoia no caule. Desenvolve-se no nó e tem um botão na sua axila. O **botão axilar** desenvolve-se mais tarde num ramo. As folhas têm origem nos meristemas apicais dos rebentos e estão dispostas numa ordem acropetal. São os órgãos vegetativos mais importantes para a fotossíntese.

Uma folha típica é constituída por três partes principais: base da folha, pecíolo e lâmina (Figura 5.7 a). A folha está ligada ao caule pela base da folha e pode ter duas pequenas estruturas laterais semelhantes a folhas, chamadas estípulas. Nas monocotiledóneas, a base da folha expande-se formando uma bainha que cobre parcial ou totalmente o caule. Em algumas leguminosas, a base da folha pode ficar inchada, o que se designa por **pulvino**. O pecíolo ajuda a manter a lâmina à luz. Os pecíolos longos, finos e flexíveis permitem que as lâminas das folhas se agitem com o vento, arrefecendo assim a folha e trazendo ar fresco para a superfície da folha. A lâmina ou lâmina foliar é a parte verde expandida da folha com nervuras e veios. Geralmente, existe uma nervura proeminente no meio, conhecida como nervura central. As nervuras conferem rigidez à lâmina foliar e actuam como canais de transporte de água, minerais e materiais alimentares. A forma, a margem, o ápice, a superfície e a extensão da incisão da lâmina variam consoante a folha.

VENAÇÃO

A disposição das nervuras e dos veios na lâmina da folha é designada por venação. Quando os veios formam uma rede, a venação é designada por reticulada . Quando as nervuras correm paralelamente umas às outras no interior de uma lâmina, a venação é designada por paralela . As folhas das plantas dicotiledóneas apresentam geralmente uma venação reticulada, enquanto a venação paralela é a caraterística da maioria das monocotiledóneas.

TIPOS DE FOLHAS

Diz-se que uma folha é simples quando a sua lâmina é inteira ou, quando incisa, as incisões não tocam a nervura mediana. Quando as incisões da lâmina chegam até à nervura mediana, dividindo-a em vários folíolos, a folha é designada por composta. Tanto nas folhas simples como nas compostas, existe um botão na axila do pecíolo, mas não na axila dos folíolos da folha composta.

As folhas compostas podem ser de dois tipos. Numa **folha composta pinada,** estão presentes vários folíolos num eixo comum, a ráquis, que representa a nervura central da folha, como no neem.
Nas **folhas compostas palmadas,** os folíolos estão ligados num ponto comum, ou seja, na ponta do pecíolo, como no algodão de seda.

FILOTAXIA

A filotaxia é o padrão de disposição das folhas no caule ou no ramo. Este padrão é geralmente de três tipos - alternado, oposto e espiralado. No tipo alternado de filotaxia, uma única folha nasce em cada nó de forma alternada, como nas plantas da rosa da China, da mostarda e da flor do sol. No tipo oposto, um par de folhas nasce em cada nó e fica oposto um ao outro, como nas plantas Calotropis e goiaba. Se mais de duas folhas surgirem num nó e formarem um verticilo, chama-se verticilo, como em Alstonia.

MODIFICAÇÕES DAS FOLHAS

As folhas são frequentemente modificadas para desempenharem outras funções para além da fotossíntese. São transformadas em gavinhas para trepar, como nas ervilhas, ou em espinhos para se defenderem, como nos cactos. As folhas carnudas da cebola e do alho armazenam alimentos. Nalgumas plantas, como a acácia australiana, as folhas são pequenas e de curta duração. Os pecíolos destas plantas expandem-se, tornam-se verdes e sintetizam alimentos. As folhas de certas plantas insectívoras, como a planta-jarro e a armadilha da mosca-de-vénus, são também folhas modificadas.

Flor

As plantas com flor caracterizam-se por uma maior proteção, enquanto os fetos (gametófitos sem vida, na sua maioria) e as gimnospermas (óvulos expostos) apresentam vários níveis de exposição. Uma vez que a posição relativa das quatro espirais florais - sendo o gineceu o elemento mais elevado - é uma caraterística fundamental da flor, uma alteração ou desvio deste padrão básico é invulgar e significativo. Assim, a posição do ovário é uma caraterística-chave básica que se encontra frequentemente nos dísticos iniciais das chaves das famílias de plantas com flor.

<u>Termos que denotam a posição do ovário em relação ao androperianto:</u>

Hipoginia - configuração básica - gineceu o elemento mais superior da flor e subtendido pelo androperianto, ou seja, o cálice, a corola e o cálice parecem estar ligados ao recetáculo ATRÁS (hipo) do gineceu e o ovário é superior ao androperianto. A conação pode estar envolvida, mas não é evidente a adnação. Esta é a condição "primitiva" e mais comum.

Perigínico - o androperianto parece estar fixado à volta do gineceu, e não por baixo. Este facto deve-se à presença de um "cálice floral" ou hipanto que emerge do recetáculo na base do ovário como uma unidade única e, ao longo da sua margem, as partes do androperianto. Embora o hipanto possa representar uma extensão do recetáculo ou outras modificações estruturais, é geralmente o produto de uma adnação ou fusão basal entre espirais do androperianto. O ovário permanece numa posição superior em relação ao ponto final de fixação do androperianto. O hipanto livre, no entanto, permanece como uma caraterística chave significativa e também como um "ponteiro" estrutural para o próximo passo na especialização floral via adnação, o ovário inferior. (Gentianaceae: Sabatia campestris - foto-cima, foto-lado)

Epígeas - as partes do androperianto parecem emergir de uma posição ACIMA do gineceu, ou seja, existe uma expansão entre o pedicelo e o cálice e a dissecação desta área expandida revela óvulos (na antese ou abertura da flor) ou sementes (na maturidade). O ovário é estruturalmente inferior ao ponto de fixação das partes do anderoperíodo.

Tipos de flores - Redução/expressão sexual

Mais uma vez, o padrão estrutural fundamental e arcaico para a estrutura reprodutiva básica das angiospérmicas - a flor - é o conjunto completo de quatro verticilos florais, os dois superiores (gineceu, androceu) com função reprodutiva primária e os dois inferiores (corola, cálice) com outras funções, frequentemente de apoio. O termo **"incompleto"[1] refere-se à ausência de um ou mais destes verticilos florais.** Os

Os termos seguintes referem-se a este tipo de variação:

Perianto unisseriado - apenas um único verticilo do perianto, geralmente o cálice que, quando isolado, pode assumir uma forma "petaloide" ou semelhante a uma pétala

Perfeito - ambas as espirais reprodutoras estão presentes com a flor

Imperfeita - falta uma das duas espirais reprodutoras, sendo a flor unissexual em termos de função reprodutora

    Estaminado - falta o gineceu (urtiga - foto)

    Pistilado - ausência de androceu (urtiga - foto)

Monóica - aplicada a taxa (não flores) que apresentam produção de flores estaminadas e pistiladas em plantas individuais. As flores são imperfeitas mas, em termos de função sexual, a planta individual é bissexual (milho indiano [Zea mays] - foto) e pepino [Cucumis sativus] - estaminado/pistilado).

Dioico - aplicado - novamente a taxa - que compreende populações de plantas que produzem apenas flores estaminadas ou pistiladas num determinado indivíduo. Neste caso, as plantas individuais são unissexuais no que respeita à expressão e, como resultado, as populações de taxa dióicos incluem tanto indivíduos 'masculinos' como 'femininos'.

Tipos de flores - Simetria

As flores arcaicas, semelhantes a rebentos, são, como qualquer rebento, radialmente simétricas quando vistas de cima. Os apêndices florais, dispostos em espiral ao longo do eixo floral, formam um contorno - em vista "facial" - que pode ser cortado ao longo de qualquer eixo para formar duas imagens espelhadas. Uma flor que apresenta esta simetria radial é conhecida como actinomorfa ou "regular".

Actinomorfo

A especialização floral incluiu mudanças estruturais adaptativas para acomodar vectores de pólen específicos. Isto é por vezes manifestado por um afastamento da expressão "primitiva" da simetria radial para produzir plataformas de aterragem e outros "ajustamentos" estruturais para o vetor polínico. As flores que não apresentam simetria radial, em vista "facial", são conhecidas como **zigomórficas ou "irregulares"**. Elas geralmente apresentam simetria bilateral, ou seja, imagens espelhadas podem ser produzidas a partir de um corte ao longo de um único eixo.

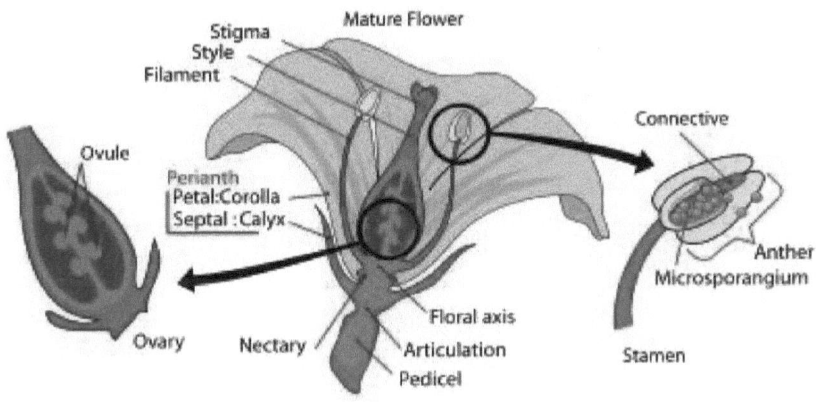

O Perianto

A simetria geral da flor, actinomórfica vs. zigomórfica, é definida pelo perianto com as espirais reprodutivas em conformidade com o padrão. O tipo primitivo ou arcaico de flor, com numerosas partes do perianto separadas, é frequentemente descrito pelos termos polipétalo ou polisépalo, enquanto a conação (e muitas vezes a redução do número de partes) é denotada pelo prefixo "syn-" (unido); sinépalo e simpétalo ("m" deve preceder um "p"). Embora o perianto possa não ter a corola (apétalo), grande parte da terminologia associada ao perianto diz respeito às formas das corolas simpétalas.

A corola simpétala pode ser vista como dois elementos funcionais, uma área de fusão basal (tubo) e uma porção terminal, alargada ou expandida (limbo) que frequentemente produz lóbulos de corola que correspondem ao número de pétalas conatas. Os termos gerais de "forma" incluem:

O Androecium

A unidade básica do androceu, o estame, representa uma folha reprodutiva especializada ou microsporofila. A especialização progrediu no sentido da redução, o que resultou numa composição relativamente simples de pedúnculo (filamento), esporângio (antera) e tecido que se encontra entre as células ou lóculos da antera, o conectivo.

A antera de um estame típico está fixada na sua base ao filamento (basifixa) e a deiscência (abertura para libertação do pólen) ocorre ao longo do seu comprimento (deiscência longitudinal). No entanto, a fixação ao filamento pode ser feita no centro da antera (versátil) e a libertação do pólen pode ser feita através de poros (deiscência poricida).

Os estames podem ser conados com todos os filamentos fundidos para formar uma estrutura única e composta (monadelfos) ou com a união parcial dos filamentos para formar duas estruturas androeciais (diadelfos). A conação também pode ser limitada às anteras (sinantérica), uma caraterística que é comum na maior família de dicotiledóneas. Os estames podem também ser adnatos à corola (epipétalos) e apresentar-se em dois pares de filamentos de comprimentos diferentes (didínamos) ou como um conjunto de seis, com dois mais curtos (tetradínamos) e podem estender-se para além da corola (exsertos) ou não sobressair da corola (inclusos). Os estames têm quatro lóculos com centenas de gâmetas masculinos chamados grãos de pólen.

Capítulo 7

<u>GRÃOS DE POLEN</u>

O pólen é o pequeno corpo reprodutor masculino produzido nos sacos polínicos das plantas com sementes (gimnospérmicas e angiospérmicas).

Ao amadurecer no saco polínico, um grão de pólen pode atingir 0,00007 mg, como no abeto, ou menos de 1/20 deste peso. Um grão tem geralmente duas paredes exteriores cerosas e duráveis, a exina, e uma parede interior frágil, a intina. Estas paredes envolvem o conteúdo com os seus núcleos e reservas de amido e óleo.

Os grãos de pólen são geralmente classificados de acordo com o seu aspeto físico. Existem três critérios de classificação: 1) o número e a posição das aberturas; 2) a forma do grão de pólen como um todo; e 3) a estrutura fina e elaborada da exina. As aberturas são quaisquer partes em falta na exina, que são independentes do padrão da exina. As aberturas são grandes e atravessam o padrão de estrutura fina na superfície do grão de pólen. Existem dois tipos de aberturas: *pori* ou poros são, na sua maioria, aberturas isodiamétricas, embora possam ser ligeiramente alongadas com extremidades arredondadas; *colpi* ou sulcos são longos e em forma de barco com extremidades pontiagudas. Pensa-se que os colpos são mais primitivos. Nos grãos de pólen vivos, estas aberturas não estão efetivamente abertas. Em vez disso, uma camada muito fina de exina cobre-as. Grãos com poros são chamados de *porados*; aqueles com colpos são chamados de *colpados*; e aqueles com ambos, poros e colpos, são chamados de *colporados*. Se as suas aberturas estiverem dispostas equidistantemente em torno do equador do grão de pólen, é-lhes atribuído o prefixo *zono-*; se estiverem dispersas por toda a superfície do grão de pólen, é-lhes atribuído o prefixo *panto-*. O número de aberturas é também indicado por prefixos: *mono* - para uma abertura; *di* - para duas aberturas; *tri* - para três aberturas; e assim por diante.

<u>Forma e aberturas dos pólenes</u>

A forma de um grão de pólen refere-se à forma do seu contorno em vistas polares e equatoriais. A forma de um grão de pólen pode, por vezes, ser útil na identificação de espécies de pólen, mas não normalmente.

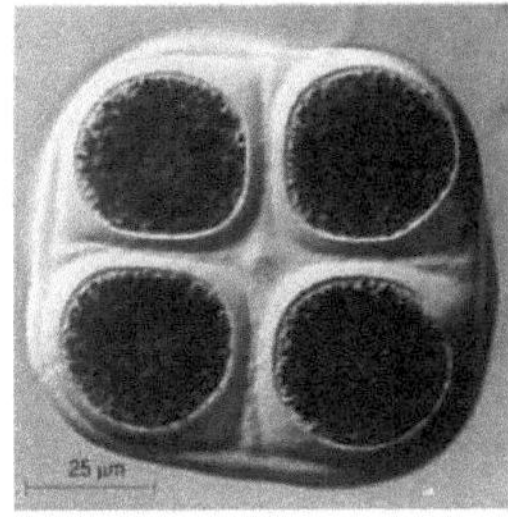 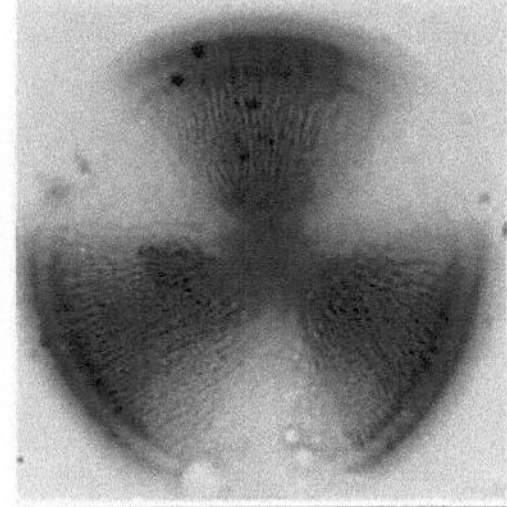 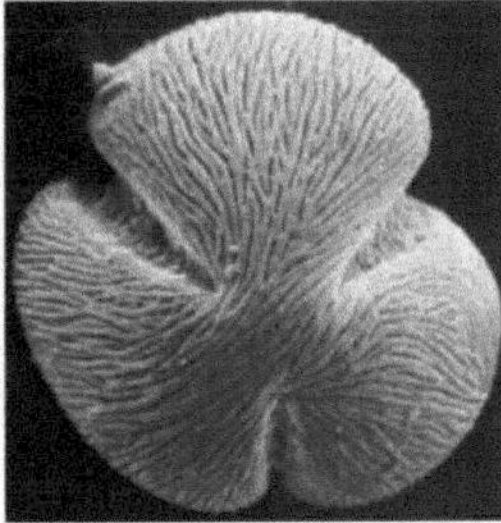

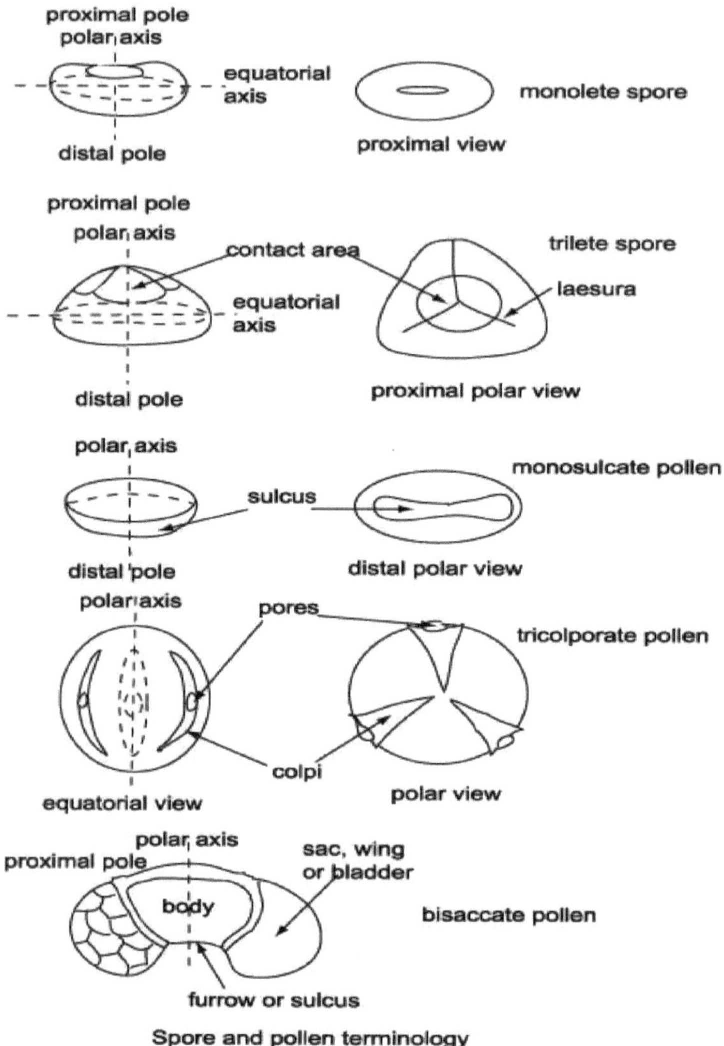

Spore and pollen terminology
Redrawn from Playford and Dettmann 1996.

Parede de pólen

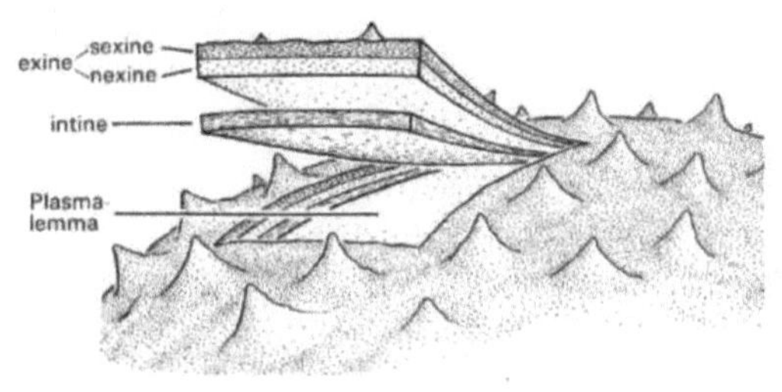

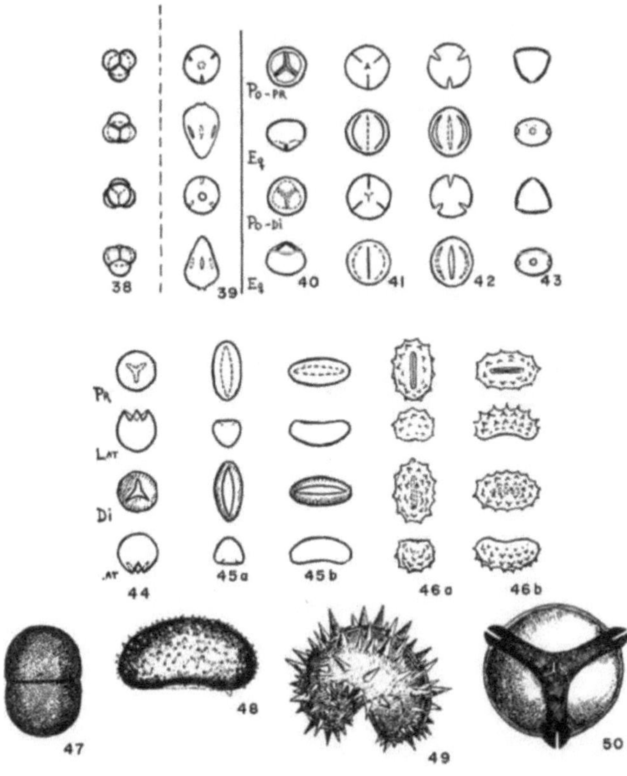

Ornamentação de pólen (Escultura de pólen)

A escultura refere-se à estrutura fina e ao padrão da sexina. É composta por pequenas hastes direccionadas radialmente. Se estas hastes suportam algo (como uma placa ou uma pequena saliência), são designadas por *columnellae*; se não suportam nada, são designadas por *bacula*. A forma dos bastonetes pode ainda classificá-los. Se tiverem forma de taco, chamam-se *clavae*; se forem pontiagudas, chamam-se *echinae*; se tiverem cabeças inchadas, chamam-se *pila*; e se forem curtas e globulares, chamam-se *gemmae*. Existem muitas outras classificações para a forma dos bastonetes na superfície da sexina, mas estas quatro são as mais comuns.

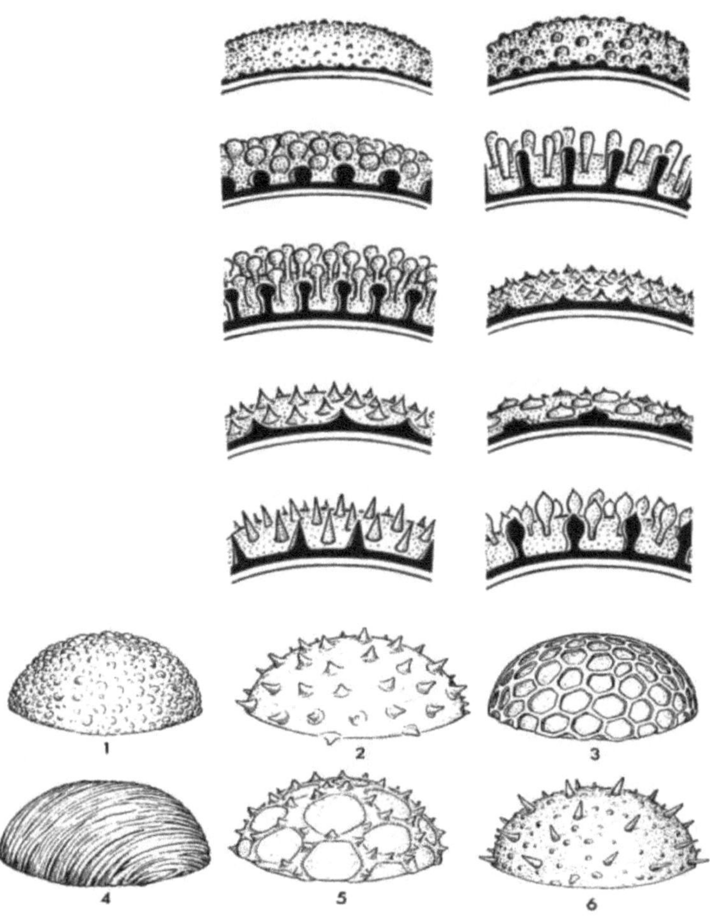

É o órgão central e mais protetor da flor, é o órgão sexual feminino. É constituído por um ou vários **carpelos**. Cada carpelo é constituído por um **ovário, um estilo e um estigma**. Os carpelos podem ser **apocárpicos** livres ou unidos e designados por sincarpos. Os gineceu sincarpados têm apenas ovários unidos e estilos e estigmas livres ou ovários e estilos unidos e estigmas livres ou as três partes unidas.

O ovário contém os óvulos em diferentes posições de placentação, eles surgem do centro em ovários septados e são chamados de **placentação Axile,** ou das paredes dos carpelos e são chamados de **placentação Pareital. Por** vezes, os ovários estão completamente unidos e não apresentam septos no seu interior e os óvulos nascem de uma coluna no centro que liga o recetáculo pelo estilo e, neste caso, a placentação é descrita como **central.** A placenta pode estar presente junto ao recetáculo e chamar-se **basal** ou junto ao estilo e chamar-se **apical**. Nas leguminosas, a gineceu é constituída por um único carpelo e os óvulos estão dispostos numa fila reta ao longo da linha de fusão, sendo neste caso designada por **placentação marginal.**

Posição do ovário

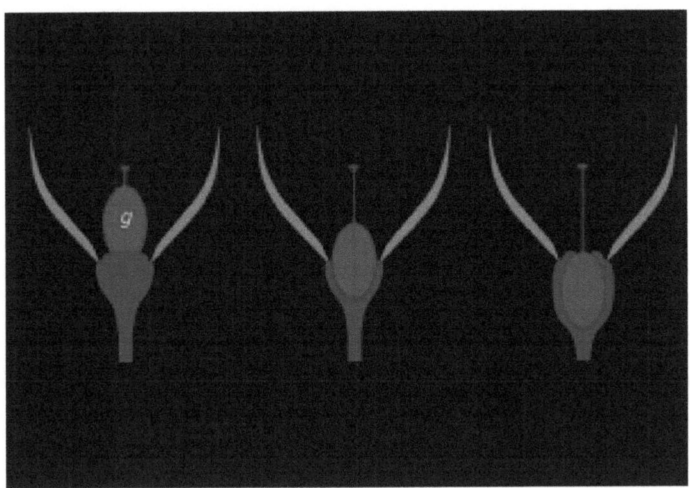

Papel da flor

1-As flores produzem **gâmetas** (células sexuais).

2-As flores desempenham um papel fundamental na **polinização.** A polinização é a transferência do pólen (que contém os gâmetas masculinos), da antera de uma flor para o estigma (superfície recetiva da parte feminina da flor) da mesma flor ou de uma flor diferente.

3- Os grãos de pólen são considerados o principal alimento para as abelhas e também para o homem.

4- As sementes têm uma utilização económica importante.

Tipos de flores

- Imperfeito

  Uma flor que tem todas as partes masculinas ou todas as partes femininas ou ambas, mas que não tem uma das espirais não essenciais da flor (cálice ou corola).

- Perfeito

  Uma flor que tem as partes masculina e feminina, o cálice e a corola.

- Nacked

  Uma flor que tem partes masculinas ou femininas, ou mesmo ambas, mas não tem o cálice e a corola

Os Gametófitos

O gametófito masculino desenvolve-se no interior do grão de pólen. O gametófito feminino desenvolve-se no interior do óvulo. Nas plantas com flores, as fases do gametófito são reduzidas a poucas células que dependem da fase do esporófito para a sua nutrição. Este é o inverso do padrão observado nos grupos de plantas não vasculares hepáticas, musgos e hornworts (as Bryophyta).

Os gametófitos masculinos das angiospermas têm dois núcleos haplóides (o núcleo germinativo e o núcleo tubular) contidos na exina do grão de pólen (ou micrósporo).

Os gametófitos femininos das plantas com flor desenvolvem-se no interior do óvulo (megásporo) contido num ovário situado na base do pistilo da flor. Existem normalmente oito células (haplóides) no gametófito feminino: a) um óvulo, duas sinérgides a flanquear o óvulo (localizadas na extremidade da micrópila do saco embrionário); b) dois núcleos polares no centro do saco embrionário; e três células antipodais (na extremidade oposta do saco embrionário em relação ao gg[e]).

A INFLORESCÊNCIA

Uma flor é um rebento modificado em que o meristema apical do rebento muda para meristema floral. Os entrenós não se alongam e o eixo fica condensado. O ápice produz diferentes tipos de apêndices florais lateralmente em nós sucessivos em vez de folhas. Quando uma ponta de rebento se transforma numa flor, esta é sempre solitária. A disposição das flores no eixo floral é designada por **inflorescência.** Dependendo do facto de o ápice se transformar numa flor ou continuar a crescer, definem-se dois tipos principais de inflorescências - racemosa e cimosa. Nas inflorescências do tipo racemoso, o eixo principal continua a crescer e as flores nascem lateralmente numa sucessão acropetal.

Na inflorescência do tipo cimosa, o eixo principal termina numa flor e, por conseguinte, o seu crescimento é limitado. **As flores nascem numa ordem basipétala.**

Capítulo 8
Filogenética molecular

A filogenética molecular, também conhecida como **sistemática molecular**, é a utilização da estrutura das moléculas para obter informações sobre as relações evolutivas de um organismo. O resultado de uma análise filogenética molecular é expresso numa árvore filogenética.

Técnicas e aplicações

Todos os organismos vivos contêm ADN, ARN e proteínas. Os organismos intimamente relacionados apresentam geralmente um elevado grau de concordância na estrutura molecular destas substâncias, enquanto as moléculas de organismos distantemente relacionados apresentam geralmente um padrão de dissemelhança. A filogenia molecular utiliza estes dados para construir uma "árvore de relações" que mostra a evolução provável de vários organismos. No entanto, só nas últimas décadas é que foi possível isolar e identificar estas estruturas moleculares.

A abordagem mais comum é a comparação de sequências de genes utilizando técnicas de alinhamento de sequências para identificar semelhanças. Outra aplicação da filogenia molecular é o código de barras de ADN, em que a espécie de um organismo individual é identificada utilizando pequenas secções de ADN mitocondrial. Outra aplicação das técnicas que a tornam possível pode ser observada no domínio muito limitado da genética humana, como a utilização cada vez mais popular de testes genéticos para determinar a paternidade de uma criança, bem como o aparecimento de um novo ramo da ciência forense criminal centrado em provas conhecidas como impressões digitais genéticas.

O efeito nos esquemas tradicionais de classificação biológica nas ciências biológicas também tem sido dramático. O trabalho que outrora era extremamente trabalhoso e intensivo em termos de materiais pode agora ser feito de forma rápida e fácil, levando a que mais uma fonte de informação se torne disponível para avaliação sistemática e taxonómica. Este tipo específico de dados tornou-se tão popular que é possível encontrar esquemas taxonómicos baseados apenas em dados moleculares.

Enquadramento teórico

As primeiras tentativas de sistemática molecular eram também designadas por quimiotaxonomia e utilizavam proteínas, enzimas, hidratos de carbono e outras moléculas que eram separadas e caracterizadas utilizando técnicas como a cromatografia. Nos últimos tempos, estas técnicas foram largamente substituídas pela sequenciação do ADN, que produz as sequências exactas de nucleótidos ou *bases* em segmentos de ADN ou ARN extraídos através de diferentes técnicas. Estas são geralmente consideradas superiores para os estudos evolutivos, uma vez que as acções da evolução se reflectem, em última análise, nas sequências genéticas. Atualmente, ainda é um processo longo e dispendioso sequenciar todo o ADN de um organismo (o seu <u>genoma</u>), o que só foi feito para algumas espécies. No entanto, é bastante viável determinar a sequência de uma área definida de um determinado <u>cromossoma</u>. As análises moleculares sistemáticas típicas requerem a sequenciação de cerca de 1000 <u>pares de bases</u>. Em qualquer local dentro dessa sequência, as bases encontradas numa determinada posição podem variar entre organismos. A sequência específica encontrada num determinado organismo é referida como o seu <u>haplótipo</u>. Em princípio, como existem quatro tipos de bases, com 1000 pares de bases, poderíamos ter 4^{1000} haplótipos distintos. No entanto, para organismos de uma determinada espécie ou de um grupo de espécies relacionadas, verificou-se empiricamente que apenas uma minoria de locais apresenta qualquer variação e que a maioria das variações encontradas estão correlacionadas, pelo que o número de haplótipos distintos encontrados é relativamente pequeno.

Numa análise molecular sistemática, os haplótipos são determinados para uma área definida de <u>material genético;</u> idealmente, é utilizada uma amostra substancial de indivíduos da <u>espécie-alvo</u> ou de outro <u>táxon;</u> no entanto, muitos estudos actuais baseiam-se em indivíduos isolados. São também determinados haplótipos de indivíduos de taxa estreitamente relacionados, mas supostamente diferentes. Finalmente, são determinados haplótipos de um número mais pequeno de indivíduos de um taxon definitivamente diferente: estes são referidos como um *grupo externo*. As sequências de base dos haplótipos são então comparadas. No caso mais simples, a diferença entre dois haplótipos é avaliada através da contagem do número de localizações em que têm bases diferentes: isto é referido como o número de *substituições* (podem também ocorrer outros tipos de diferenças entre haplótipos, por exemplo, a *inserção* de uma secção de <u>ácido nucleico</u> num haplótipo que não está presente noutro). Normalmente, a diferença entre organismos é reexpressa como uma *percentagem de divergência*, dividindo o número de substituições pelo número de pares de bases analisados: espera-se que esta medida seja independente da localização e do comprimento da secção de ADN que é sequenciada.

Uma abordagem mais antiga e ultrapassada consistia em determinar as divergências entre os <u>genótipos</u> dos indivíduos através da <u>hibridação ADN-ADN</u>. A vantagem alegada para a utilização da hibridação em vez da sequenciação de genes era o facto de se basear em todo o genótipo e não em secções particulares de ADN. As técnicas modernas de comparação de sequências ultrapassam esta objeção através da utilização de sequências múltiplas.

Uma vez determinadas as divergências entre todos os pares de amostras, a matriz triangular de diferenças resultante é submetida a uma forma de análise estatística de agrupamentos e o dendrograma resultante é examinado para verificar se as amostras se agrupam da forma que seria de esperar a partir das ideias actuais sobre a taxonomia do grupo, ou não. Pode dizer-se que qualquer grupo de haplótipos que sejam todos mais semelhantes entre si do que qualquer outro haplótipo constitui um clado. Técnicas estatísticas como o bootstrapping e o jackknifing ajudam a fornecer estimativas de fiabilidade para as posições dos haplótipos nas árvores evolutivas.

Características e pressupostos da sistemática molecular

Este exemplo ilustra várias características da sistemática molecular e os seus pressupostos subjacentes.

1. A sistemática molecular é uma abordagem essencialmente cladística: assume que a classificação deve corresponder à descendência filogenética e que todos os taxa válidos devem ser monofiléticos.

2. A sistemática molecular utiliza frequentemente o pressuposto do relógio molecular, segundo o qual a semelhança quantitativa do genótipo é uma medida suficiente da recência da divergência genética. Particularmente em relação à especiação, este pressuposto pode estar errado se

   1. alguma modificação genotípica relativamente pequena actuou para evitar o cruzamento entre dois grupos de organismos, ou

   2. em diferentes subgrupos dos organismos em causa, a modificação genética processou-se a ritmos diferentes.

3. Nos animais, é frequentemente conveniente utilizar o ADN mitocondrial para a análise sistemática molecular. No entanto, como nos mamíferos as mitocôndrias são herdadas apenas da mãe, isto não é totalmente satisfatório, porque a herança na linha paterna pode não ser detectada: no exemplo acima, Vila et al citam estudos mais limitados com ADN cromossómico que apoiam as suas conclusões.

Estas características e pressupostos não são totalmente incontroversos entre os sistematas biológicos. Enquanto método cladístico, a sistemática molecular está aberta às mesmas críticas que a cladística em geral. Também se pode argumentar que é um erro substituir uma classificação baseada em características visíveis e ecologicamente relevantes por uma classificação baseada em pormenores genéticos que podem nem sequer ser expressos no fenótipo. No entanto, a abordagem molecular da sistemática e os seus pressupostos subjacentes estão a ser cada vez mais aceites. À medida que a sequenciação genética se torna mais fácil e barata, a sistemática molecular está a ser aplicada a cada vez mais grupos e, em alguns casos, está a conduzir a revisões radicais das taxonomias aceites.

História da filogenética molecular

A sistemática molecular foi iniciada por <u>Charles G. Sibley (aves)</u>, <u>Herbert C. Dessauer (herpetologia)</u> e <u>Morris Goodman (primatas)</u>, seguidos por <u>Allan C. Wilson, Robert K. Selander</u> e <u>John C. Avise</u> (que estudaram vários grupos). O trabalho com <u>eletroforese de proteínas</u> começou por volta de 1956. Embora os resultados não fossem quantitativos e não melhorassem inicialmente a classificação morfológica, forneceram pistas tentadoras de que as noções de longa data sobre a classificação das <u>aves,</u> por exemplo, necessitavam de uma revisão substancial. No período de 1974-1986, <u>a hibridação DNA-DNA</u> foi a técnica dominante.

Relação com outras ciências biológicas

Os investigadores em biologia molecular utilizam técnicas específicas próprias da biologia molecular, mas combinam-nas cada vez mais com técnicas e ideias da genética e da bioquímica.

Não existe uma linha definida entre estas disciplinas. A figura acima é um esquema que descreve uma visão possível da relação entre os domínios:

- A "bioquímica" é o estudo das substâncias químicas e dos processos vitais

  que ocorrem nos organismos vivos. Os bioquímicos concentram-se sobretudo no papel, função e estrutura das biomoléculas. O estudo da química subjacente aos processos biológicos e a síntese de moléculas biologicamente activas são exemplos de bioquímica.

- A "genética" é o estudo do efeito das diferenças genéticas nos organismos. Frequentemente

  A ausência de um componente normal (por exemplo, um <u>gene)</u> pode ser inferida. O estudo de "mutantes" - organismos que carecem de um ou mais componentes funcionais em relação ao chamado "tipo selvagem" ou fenótipo normal. As interacções genéticas (epistasia) podem frequentemente confundir interpretações simples destes estudos de "knock-out".

- A "biologia molecular" é o estudo dos fundamentos moleculares do processo de

  replicação, transcrição e tradução do material genético. O dogma central da biologia molecular, segundo o qual o material genético é transcrito em ARN e depois traduzido em proteínas, apesar de ser uma imagem demasiado simplificada da biologia molecular, continua a constituir um bom ponto de partida para a compreensão deste domínio. No entanto, este quadro está a ser revisto à luz das novas funções emergentes do ARN.

Grande parte do trabalho em biologia molecular é quantitativo e, recentemente, muito trabalho tem sido efectuado na interface entre a biologia molecular e as ciências da computação em bioinformática e biologia computacional. Desde o início dos anos 2000, o estudo da estrutura e função dos genes, a genética molecular, tem sido um dos subdomínios mais proeminentes da biologia molecular.

Cada vez mais, muitos outros ramos da biologia se centram nas moléculas, quer estudando diretamente as suas interacções por direito próprio, como na biologia celular e na biologia do desenvolvimento, quer indiretamente, em que as técnicas da biologia molecular são utilizadas para inferir atributos históricos de populações ou espécies, como nos domínios da biologia evolutiva, como a genética das populações e a filogenética. Existe também uma longa tradição de estudo das biomoléculas "a partir do zero" em biofísica.

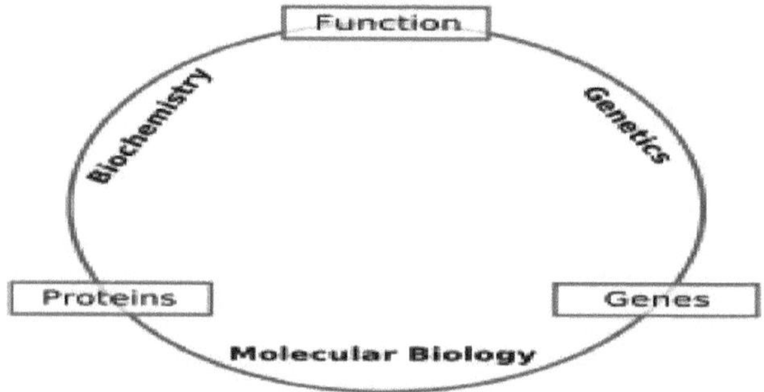

Relação esquemática entre bioquímica, genética e biologia molecular

Os investigadores em biologia molecular utilizam técnicas específicas próprias da biologia molecular, mas combinam-nas cada vez mais com técnicas e ideias da genética e da bioquímica. Não existe uma linha definida entre estas disciplinas. A figura acima é um esquema que descreve uma visão possível da relação entre os domínios:

- *A bioquímica* é o estudo das substâncias químicas e dos processos vitais que ocorrem

  nos organismos vivos. Os bioquímicos concentram-se sobretudo no papel, na função e na estrutura das biomoléculas. O estudo da química subjacente aos processos biológicos e a síntese de moléculas biologicamente activas são exemplos de bioquímica.

- *A genética* é o estudo do efeito das diferenças genéticas nos organismos. A genética é o estudo do efeito das diferenças genéticas nos organismos, o que pode muitas vezes ser inferido pela ausência de um componente normal (por exemplo, um gene). O estudo dos "mutantes" - organismos que carecem de um ou mais componentes funcionais em relação ao chamado "tipo selvagem" ou fenótipo normal. As interacções genéticas (epistasia) podem frequentemente confundir interpretações simples destes estudos de "knock-out".

- *A biologia molecular* é o estudo dos fundamentos moleculares dos processos de replicação, transcrição, tradução e função celular. O dogma central da biologia molecular, segundo o qual o material genético é transcrito em ARN e depois traduzido em proteínas, apesar de ser uma imagem demasiado simplificada da biologia molecular, continua a constituir um bom ponto de partida para a compreensão deste domínio. No entanto, esta imagem está a ser revista à luz das novas funções emergentes do ARN.

Grande parte do trabalho em biologia molecular é quantitativo e, recentemente, muito trabalho tem sido feito na interface da biologia molecular e da ciência da computação em bioinformática e biologia computacional. Desde o início dos anos 2000, o estudo da estrutura e função dos genes, a genética molecular, tem sido um dos subcampos mais proeminentes da biologia molecular.

Cada vez mais, muitos outros ramos da biologia se centram nas moléculas, quer estudando diretamente as suas interacções por direito próprio, como na biologia celular e na biologia do desenvolvimento, quer indiretamente, em que as técnicas da biologia molecular são utilizadas para inferir atributos históricos de populações ou espécies, como nos domínios da biologia evolutiva, como a genética das populações e a filogenética. Existe também uma longa tradição de estudo das biomoléculas "a partir do zero" em biofísica.

Técnicas de biologia molecular

Desde o final dos anos 50 e início dos anos 60, os biólogos moleculares aprenderam a caraterizar, isolar e manipular os componentes moleculares das células e dos organismos. Estes componentes incluem o ADN, o repositório da informação genética; o ARN, um parente próximo do ADN cujas funções vão desde servir como uma cópia temporária do ADN até funções estruturais e enzimáticas efectivas, bem como uma parte funcional e estrutural do aparelho de tradução; e as proteínas, o principal tipo de molécula estrutural e enzimática das células.

Técnicas de ácidos nucleicos

Tecnologia de chips e matrizes de ADN, incluindo a quantificação de ARN   e ADN utilizando microfluídica

PCR quantitativa RT

Introdução à bioinformática e à genómica

PCR de transcriptase reversa (RT-PCR)

Deteção de ácidos nucleicos por ECL

Isolamento, purificação e análise do ARN

Blotting e hibridação de ácidos nucleicos

Preparação de sondas marcadas

Transformação bacteriana e electroporação

Sequenciação automatizada de ADN

PCR e conceção de iniciadores

Clonagem e rastreio de bibliotecas de cDNA

Isolamento do ADN do plasmídeo (coluna Qiagen) e análise

Técnicas de proteínas

Transfecção mamaliana

Vectores de expressão/relatórios de genes

PCR em tempo real e Taqman

PAGE 2-D e Proteómica

Proteómica funcional

Espectrometria de massa e proteómica

SDS-PAGE (linear e gradiente)

Bioinformática de proteínas

Blotagem de proteínas (western) com imunodetecção e quimioluminescência melhorada

Coloração com prata de géis de proteínas

Clonagem de expressão

Uma das técnicas mais básicas da biologia molecular para estudar a função das proteínas é a clonagem de expressão. Nesta técnica, o ADN que codifica uma proteína de interesse é clonado (utilizando PCR e/ou enzimas de restrição) num plasmídeo (conhecido como vetor de expressão). Um vetor tem 3 características distintas: uma origem de replicação, um local de clonagem múltipla (MCS) e um marcador seletivo (normalmente resistência a antibióticos). A origem da replicação terá regiões promotoras a montante do local de início da replicação/transcrição.

Este plasmídeo pode ser inserido quer em células bacterianas quer em células animais. A introdução de ADN em células bacterianas pode ser feita por transformação (através da absorção de ADN nu), conjugação (através do contacto célula-célula) ou por transdução (através de um vetor viral). A introdução de ADN em células eucarióticas, como as células animais, por meios físicos ou químicos é chamada transfecção. Existem várias técnicas de transfecção, como a transfecção com fosfato de cálcio, a electroporação, a microinjecção e a transfecção com lipossomas. O ADN pode também ser introduzido em células eucarióticas utilizando vírus ou bactérias como portadores, sendo esta última técnica por vezes designada por bactofecção e utilizando, em particular, *a Agrobacterium tumefaciens*. O plasmídeo pode ser integrado no genoma, resultando numa transfecção estável, ou pode permanecer independente do genoma, o que se designa por transfecção transitória.

Em ambos os casos, o ADN que codifica uma proteína de interesse está agora dentro de uma célula e a proteína pode agora ser expressa. Existe uma variedade de sistemas, tais como promotores induzíveis e factores específicos de sinalização celular, para ajudar a exprimir a proteína de interesse a níveis elevados. Podem então ser extraídas grandes quantidades de uma proteína da célula bacteriana ou eucariótica. A proteína pode ser testada quanto à sua atividade enzimática numa variedade de situações, pode ser cristalizada para que a sua estrutura terciária possa ser estudada ou, na indústria farmacêutica, pode ser estudada a atividade de novos fármacos contra a proteína.

Reação em cadeia da polimerase (PCR)

A reação em cadeia da polimerase é uma técnica extremamente versátil para copiar ADN. Em resumo, a PCR permite que uma única sequência de ADN seja copiada (milhões de vezes) ou alterada de formas pré-determinadas. Por exemplo, a PCR pode ser utilizada para introduzir locais de enzimas de restrição ou para mutar (alterar) determinadas bases do ADN, sendo este último método designado por "Quick change". A PCR também pode ser utilizada para determinar se um determinado fragmento de ADN se encontra numa biblioteca de ADNc. A PCR tem muitas variações, como a PCR de transcrição reversa (RT-PCR) para amplificação do ARN e, mais recentemente, a PCR em tempo real (QPCR), que permite a medição quantitativa de moléculas de ADN ou ARN.

Eletroforese em gel

A eletroforese em gel é uma das principais ferramentas da biologia molecular. O princípio básico é que o ADN, o ARN e as proteínas podem ser separados por meio de um campo elétrico. Na eletroforese em gel de agarose, o ADN e o ARN podem ser separados com base no tamanho, passando o ADN por um gel de agarose. As proteínas podem ser separadas com base no tamanho, utilizando um gel SDS-PAGE, ou com base no tamanho e na sua carga eléctrica, utilizando o que é conhecido como eletroforese em gel 2D.

Blotting e sondagem de macromoléculas

Os termos "*northern* blotting", "*western* blotting" e "*eastern* blotting" derivam do que inicialmente era uma piada de biologia molecular que brincava com o termo "*Southern blotting*", após a técnica descrita por Edwin Southern para a hibridização do ADN "blotted". Patricia Thomas, criadora do RNA blot, que depois ficou conhecido como *northern blot, não* utilizou o termo.[121] Outras combinações destas técnicas deram origem a termos como *southwesterns* (hibridizações proteína-DNA), *northwesterns* (para detetar interacções proteína-RNA) *e* farwesterns (interacções proteína-proteína), todos eles atualmente presentes na literatura.

Mancha do sul

Batizado com o nome do seu inventor, o biólogo Edwin Southern, o Southern blot é um método para detetar a presença de uma sequência específica de ADN numa amostra de ADN. As amostras de ADN, antes ou depois da digestão com enzimas de restrição, são separadas por eletroforese em gel e depois transferidas para uma membrana por ação capilar. A membrana é então exposta a uma sonda de ADN marcada que tem uma sequência de bases complementar à sequência no ADN de interesse. A maioria dos protocolos originais utilizava marcadores radioactivos, mas existem atualmente alternativas não radioactivas. A técnica de Southern blotting é menos utilizada na ciência laboratorial devido à capacidade de outras técnicas, como a PCR, para detetar sequências de ADN específicas a partir de amostras de ADN. No entanto, estes blots continuam a ser utilizados para algumas aplicações, como a medição do número de cópias de transgénicos em ratinhos transgénicos ou na engenharia de linhas de células estaminais embrionárias com nocaute genético.

Marcação do Norte

O northern blot é utilizado para estudar os padrões de expressão de um tipo específico de molécula de ARN como comparação relativa entre um conjunto de diferentes amostras de ARN. É essencialmente uma combinação de eletroforese em gel desnaturante de ARN e um blot. Neste processo, o ARN é separado com base no tamanho e é depois transferido para uma membrana que é então sondada com um complemento marcado de uma sequência de interesse. Os resultados podem ser visualizados de várias formas, dependendo da etiqueta utilizada; no entanto, a maioria resulta na revelação de bandas que representam os tamanhos do ARN detectado na amostra. A intensidade destas bandas está relacionada com a quantidade de ARN alvo nas amostras analisadas. O procedimento é normalmente utilizado para estudar quando e quanta expressão genética está a ocorrer, medindo a quantidade desse ARN presente em diferentes amostras. É uma das ferramentas mais básicas para determinar em que altura e em que condições determinados genes são expressos em tecidos vivos.

Western blotting

Os anticorpos para a maioria das proteínas podem ser criados injectando pequenas quantidades da proteína num animal, como um rato, coelho, ovelha ou burro (anticorpos policlonais) ou produzidos em cultura celular (anticorpos monoclonais). Estes anticorpos podem ser utilizados numa variedade de técnicas analíticas e preparatórias.

No western blotting, as proteínas são primeiro separadas por tamanho, num gel fino ensanduichado entre duas placas de vidro, numa técnica conhecida como SDS-PAGE (eletroforese em gel de poliacrilamida com dodecil sulfato de sódio). As proteínas no gel são depois transferidas para uma membrana de suporte de PVDF, nitrocelulose, nylon ou outra. Esta membrana pode então ser sondada com soluções de anticorpos. Os anticorpos que se ligam especificamente à proteína de interesse podem então ser visualizados por uma variedade de técnicas, incluindo produtos coloridos, quimioluminescência ou autoradiografia. Muitas vezes, os anticorpos são marcados com enzimas. Quando um substrato quimioluminescente é exposto à enzima, permite a deteção. A utilização de técnicas de western blotting permite não só a deteção mas também a análise quantitativa.

Podem ser utilizados métodos análogos ao western blotting para corar diretamente proteínas específicas em células vivas ou secções de tecidos. No entanto, estes métodos de *imunocoloração*, como a FISH, são mais frequentemente utilizados na investigação em biologia celular.

Mancha oriental

A técnica de "Eastern blotting" destina-se a detetar modificações pós-traducionais das proteínas. [11] As proteínas que foram colocadas na membrana de PVDF ou de nitrocelulose são analisadas para detetar modificações utilizando substratos específicos.

Microarrays de ADN

Uma matriz de ADN é uma coleção de pontos ligados a um suporte sólido, como uma lâmina de microscópio, em que cada ponto contém um ou mais fragmentos de oligonucleótidos de ADN de cadeia simples. As matrizes permitem colocar grandes quantidades de pontos muito pequenos (100 micrómetros de diâmetro) numa única lâmina. Cada ponto tem uma molécula de fragmento de ADN que é complementar a uma única sequência de ADN (semelhante ao Southern blotting). Uma variação desta técnica permite qualificar a expressão genética de um organismo num determinado estádio de desenvolvimento (perfil de expressão). Nesta técnica, o ARN de um tecido é isolado e convertido em ADNc marcado. Este cDNA é depois hibridizado com os fragmentos da matriz e pode ser efectuada a visualização da hibridização. Uma vez que podem ser feitas várias matrizes com exatamente a mesma posição de fragmentos, são particularmente úteis para comparar a expressão genética de dois tecidos diferentes, como um tecido saudável e um tecido canceroso. Além disso, é possível medir que genes são expressos e como essa expressão se altera com o tempo ou com outros factores. Por exemplo, a levedura de padeiro comum, *Saccharomyces cerevisiae,* contém cerca de 7000 genes; com um microarray, é possível medir qualitativamente a expressão de cada gene e como essa expressão se altera, por exemplo, com uma mudança de temperatura. Há muitas formas diferentes de fabricar microarrays; as mais comuns são chips de silício, lâminas de microscópio com pontos de ~ 100 micrómetros de diâmetro, arrays personalizados e arrays com pontos maiores em membranas porosas (macroarrays). Pode haver desde 100 pontos até mais de 10.000 numa dada matriz.

As matrizes podem também ser feitas com outras moléculas para além do ADN. Por exemplo, uma matriz de anticorpos pode ser utilizada para determinar que proteínas ou bactérias estão presentes numa amostra de sangue.

Oligonucleótido específico do alelo

O oligonucleótido alelo-específico (ASO) é uma técnica que permite a deteção de mutações de base única sem necessidade de PCR ou eletroforese em gel. As sondas marcadas, curtas (20-25 nucleótidos de comprimento), são expostas ao ADN alvo não fragmentado. A hibridação ocorre com elevada especificidade devido ao comprimento curto das sondas e mesmo uma única alteração de base impedirá a hibridação. O ADN alvo é então lavado e as sondas marcadas que não hibridizaram são removidas. O ADN alvo é então analisado quanto à presença da sonda através de radioatividade ou fluorescência. Nesta experiência, tal como na maioria das técnicas de biologia molecular, é necessário utilizar um controlo para garantir o êxito da experiência. O ensaio de metilação Illumina é um exemplo de um método que tira partido da técnica ASO para medir diferenças de um par de bases na sequência

Tecnologias antiquadas

Em biologia molecular, os procedimentos e tecnologias estão continuamente a ser desenvolvidos e as tecnologias mais antigas abandonadas. Por exemplo, antes do advento da eletroforese em gel de ADN (agarose ou poliacrilamida), o tamanho das moléculas de ADN era normalmente determinado por sedimentação em gradientes de sacarose, uma técnica lenta e trabalhosa que exigia instrumentos dispendiosos; antes dos gradientes de sacarose, era utilizada a viscosimetria.

Para além do seu interesse histórico, vale muitas vezes a pena conhecer a tecnologia mais antiga, pois é ocasionalmente útil para resolver outro problema novo para o qual a técnica mais recente é inadequada.

Significado clínico A investigação clínica e as terapias médicas decorrentes da biologia molecular estão parcialmente abrangidas pela terapia genética. A utilização de abordagens de biologia molecular ou de biologia celular molecular em medicina é atualmente designada por medicina molecular. A biologia molecular desempenha também um papel importante na compreensão das formações, acções e regulações de várias partes das células, que podem ser utilizadas eficazmente para a orientação de novos fármacos, o diagnóstico de doenças e a fisiologia das células.

Capítulo 9
Sistemas taxonómicos baseados na filogenia molecular APG I,II,III & Shipnov SYSTEMS

O advento da cladística, que só se tornou realidade com a disponibilidade do computador e com o enorme fluxo de dados moleculares, foi um desenvolvimento bastante tardio: o sistema APG II é apenas o último de uma longa série de sistemas.

Neste sistema, os dados moleculares foram o instrumento de construção do sistema e, de acordo com esses dados, as angiospérmicas classificaram-se em oito categorias, a saber

* *Amborella* - uma única espécie de arbusto da Nova Caledónia
* Nymphaeales - cerca de 80 espécies - nenúfares e Hydatellaceae
* Austrobaileyales - cerca de 100 espécies de plantas lenhosas de várias partes do mundo
* **Mesangiospermae, que se dividem** em

1- Chloranthales - várias dezenas de espécies de plantas aromáticas com dentes

Folhas

2- *Ceratophyllum* - cerca de 6 espécies de plantas aquáticas, talvez as mais conhecidas como plantas de aquário

3- magnoliídeas - cerca de 9 000 espécies, caracterizadas por flores trímeras, pólen com um poro e folhas geralmente ramificadas - por exemplo, magnólias, louro e pimenta-do-reino

4- eudicotiledóneas - cerca de 175 000 espécies, caracterizadas por flores 4 ou 5 merosas, pólen com três poros e folhas geralmente com nervuras ramificadas - por exemplo, girassóis, petúnias, ranúnculos, maçãs e carvalhos

5- monocotiledóneas - cerca de 70 000 espécies, caracterizadas por flores trímeras, um único cotilédone, pólen com um poro e folhas geralmente com nervuras paralelas - por exemplo, gramíneas, orquídeas e palmeiras

A relação exacta entre estes oito grupos ainda não é clara, embora se tenha determinado que os três primeiros grupos a divergir das angiospérmicas ancestrais foram Amborellales, Nymphaeales e

Austrobaileyales, por esta ordem.

Pormenores do sistema de classificação APGII

A classificação abaixo é baseada na apresentada na Filogenia das Angiospermas.

1- Ordem: Amborellales

Contém uma única espécie, *Amborella trichopoda*, endémica da ilha da Nova Caledónia e não encontrada na África Austral.

2-Pedido: Nymphaeales

Contém duas famílias: a Cabombaceae e a Nymphaeaceae (família dos nenúfares). Existem oito géneros e 64 espécies em todo o mundo, com dois géneros e três espécies nativas da África Austral.

3-Pedido: Austrobaileyales

Contém três famílias: Austrobaileyaceae, Illiciaceae e Trimeniaceae, nenhuma das quais tem representantes indígenas na África Austral. No entanto, *o Illicium verum* (anis estrelado) das Illiciaceae, é cultivado na região

4- Grupo Mesangiospermae

1-Ordem: Chloranthales

Contém uma única família, a Chloranthaceae, que não é encontrada na África Austral.

2-Order; Ceratophyllales

Contém uma única família, a Ceratophyllaceae, com um único género *Ceratophyllum*. Existem cerca de seis espécies, das quais três são indígenas da África Austral.

3-Magnoliídeos

1-Ordem: Magnoliales

Há um total de cinco famílias das quais uma, a Annonaceae, é indígena da África Austral. Além disso, as Magnoliaceae (magnólias) e Myristicaceae (inclui a árvore da noz-moscada) são cultivadas na África Austral. Globalmente, existem cerca de 154 géneros e 2929 espécies, dos quais oito géneros e 14 espécies (todos em Annonaceae) são indígenas da África Austral.

2-Pedido: <u>Laurales</u>

Existem sete famílias das quais quatro são encontradas na África Austral. A família <u>Lauraceae</u> é a mais diversificada na região, com quatro géneros indígenas e 10 espécies (incluindo o <u>pau-pereira</u>), bem como espécies cultivadas importantes como o <u>abacateiro, a canela</u> e o <u>loureiro</u> (que produz folhas de louro).

3-Pedido: <u>Canelas</u>

Nove géneros e cerca de 88 espécies em duas famílias, Canellaceae e Winteraceae. Apenas uma espécie é indígena da África Austral e existe também uma espécie cultivada na região.

4-Pedido: <u>Piperales</u>

Esta ordem contém quatro famílias, 17 géneros e 2090 espécies, com três famílias, quatro géneros e seis espécies indígenas da África Austral. Uma espécie adicional é naturalizada e outras 20 espécies são cultivadas na região.

<u>4-eudicotiledóneas</u>

1-Ordem: <u>Ranunculales</u>

Sete famílias, 199 géneros e 4445 espécies, com 18 géneros e 47 espécies indígenas da África Austral, e quatro géneros e seis espécies naturalizadas. Outros 24 géneros e 57 espécies são cultivados na região.

2-Pedido: Sabiales

Uma família, Sabiaceae, não encontrada na África Austral.

3-Ordem: <u>Proteínas</u>

4-Ordem: Trochodendrales

5-Pedido: Buxales

6-Pedido: Armas de fogo

7- Grupo central das Eudicotiledóneas e inclui as seguintes ordens

1- Ordem: Berberidopsidales

2- **Encomendar: Dilleniales**

3- **Ordem: Caryophyllales**

4- **Encomendar: Santalales**

5- **Ordem: Saxifragales**

6- **Encomendar Vitales**

7- **Rosídeos que se dividem em dois grupos**

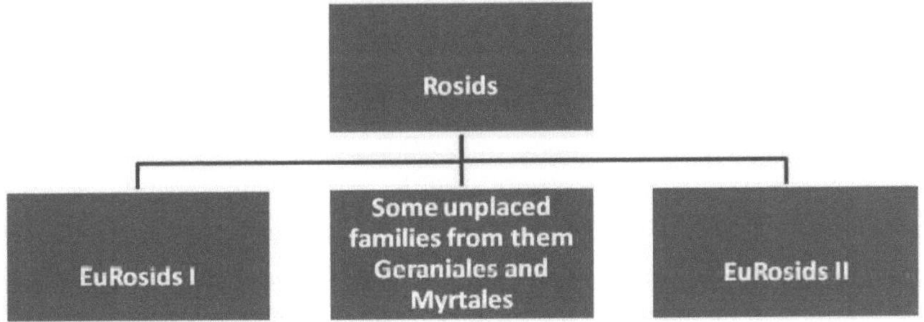

Eurosídeos I Inclui **oito** ordens: Zygophyllales, Celastrales, Malpighiales, Oxalidales, Fabales, Rosales, Cucurbitales e Fagales

Eurosídeos II Incluem **quatro** ordens: Hueteales, Brassicales, Malvales e Sapindales.

8- **Asteróides** que se dividem em quatro categorias, a saber

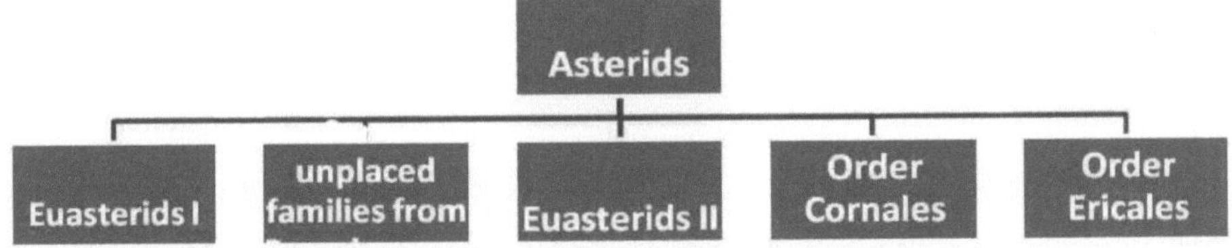

Euasterídeos I tem 4 ordens: Garryales, Gentianales, Lamiales e Solanales.
Euasterídeos II tem 4 ordens: Aquifoliales, Apiales, Asterales e Dipsacales.
<u>**5-Monocotiledóneas**</u>

<u>**1-Order; Acorales**</u>

Contém uma única família, a Acoraceae, com um único género, *Acorus*. Este género foi anteriormente colocado nas <u>Araceae</u>. *O Acorus calamus* (Sweet-flag) é cultivado na África Austral

2-Order; Alismatales

Com exceção das Araceae (família do lírio arum), todas as famílias das Alismatales que ocorrem na África Austral, são plantas aquáticas ou que habitam pântanos. Os membros da família Araceae são frequentemente encontrados em situações pantanosas e alguns membros são aquáticos (os que pertencem anteriormente à família Lemnaceae) mas muitas espécies podem ser encontradas longe da água. Existem 14 famílias, 166 géneros e 4490 espécies na ordem a nível mundial, das quais 10 famílias, 25 géneros e 57 espécies são indígenas da África Austral. Além disso, 3 géneros e 3 espécies são naturalizados e 21 géneros e 47 espécies são cultivados na região.

3-Order; Petrosaviales

Uma família, Petrosaviaceae, não encontrada na África Austral.

4-Order; Dioscoreales

Três das cinco famílias são encontradas na África Austral, sendo Dioscoreaceae (família do inhame), de longe, a maior. Em todo o mundo existem cerca de 21 géneros e 1037 espécies, dos quais dois géneros e 17 espécies (principalmente *Dioscorea*) são indígenas da África Austral. Além disso, um género (*Tacca*) com duas espécies é cultivado na região.

5- Order; Pandanales

Duas das cinco famílias são indígenas da África Austral. Existem 36 géneros e 1345 espécies em todo o mundo, dos quais três géneros (*Talbotia, Xerophyta* e *Pandanus*) e 11 espécies são indígenas da África Austral. Um género adicional e duas espécies são cultivadas na região.

6- Ordem; Liliales

Quatro das onze famílias são encontradas na África Austral, mas apenas duas delas são indígenas. Existem cerca de 67 géneros e 1558 espécies, dos quais 13 géneros e 68 espécies são indígenas da África Austral. Outros seis géneros e 17 espécies são cultivados na África Austral.

7- Ordem; Asparagales

Vinte e quatro famílias, das quais 17 são encontradas na África Austral. Existem 1122 géneros e 26071 espécies, dos quais 156 géneros e 2849 espécies são indígenas da África Austral. Outros três géneros e seis espécies são naturalizados, e outros 155 géneros e 576 espécies são registados como sendo cultivados na África Austral.

8-Grupo dos comelinídeos, que inclui as seguintes ordens

1-Ordem; Arecales (palmeiras)

A <u>Arecaceae</u> é a única família da ordem. Existem 189 géneros e 2361 espécies (cosmopolitas, principalmente nas regiões mais quentes), com cinco géneros e seis espécies indígenas da África Austral. Outros 103 géneros e 276 espécies são cultivados na região.

2- Ordem; <u>Poales</u>

Sete e dez famílias, das quais 10 são encontradas na África Austral. Existem 997 géneros e 18325 espécies registadas em todo o mundo, das quais 230 géneros e 1621 espécies são indígenas da África Austral. Outros 33 géneros e 129 espécies são naturalizados, e outros 43 géneros e 344 espécies são registados como sendo cultivados na África Austral.

3- Ordem; <u>Commelinales</u>

Cinco famílias, das quais três são encontradas na África Austral. Existem 68 géneros e 812 espécies registadas em todo o mundo, das quais 12 géneros e 51 espécies são indígenas da África Austral. Outros dois géneros e duas espécies estão naturalizados e outros seis géneros e 16 espécies estão registados como sendo cultivados na África Austral.

4- Ordem: <u>Zingiberales</u>

Oito famílias, das quais sete se encontram na África Austral. Existem 92 géneros e 2111 espécies registadas em todo o mundo, das quais três géneros e oito espécies são indígenas da África Austral. Outros dois géneros e quatro espécies estão naturalizados, e outros 15 géneros e 35 espécies estão registados como sendo cultivados na África Austral.

Hoje em dia, utilizando o ADN e outras propriedades químicas, bem como dados de microscopia eletrónica (ME) de, por exemplo, grãos de pólen, esporos e flagelos, obtêm-se resultados significativamente diferentes dos que se obtinham, por exemplo, há 10 anos, quando esses dados estavam muito menos disponíveis. Outro grande desenvolvimento neste domínio de especialização é o processamento sistemático de quantidades muito elevadas de dados com o computador. Este conhecimento filogenético serve de base a um sistema taxonómico como o apresentado acima, que dá um nome aos principais ramos da árvore. Os desenvolvimentos estão ainda em curso e podem ser acompanhados quase em direto no <u>site Angiosperm Phylogeny Website</u>.

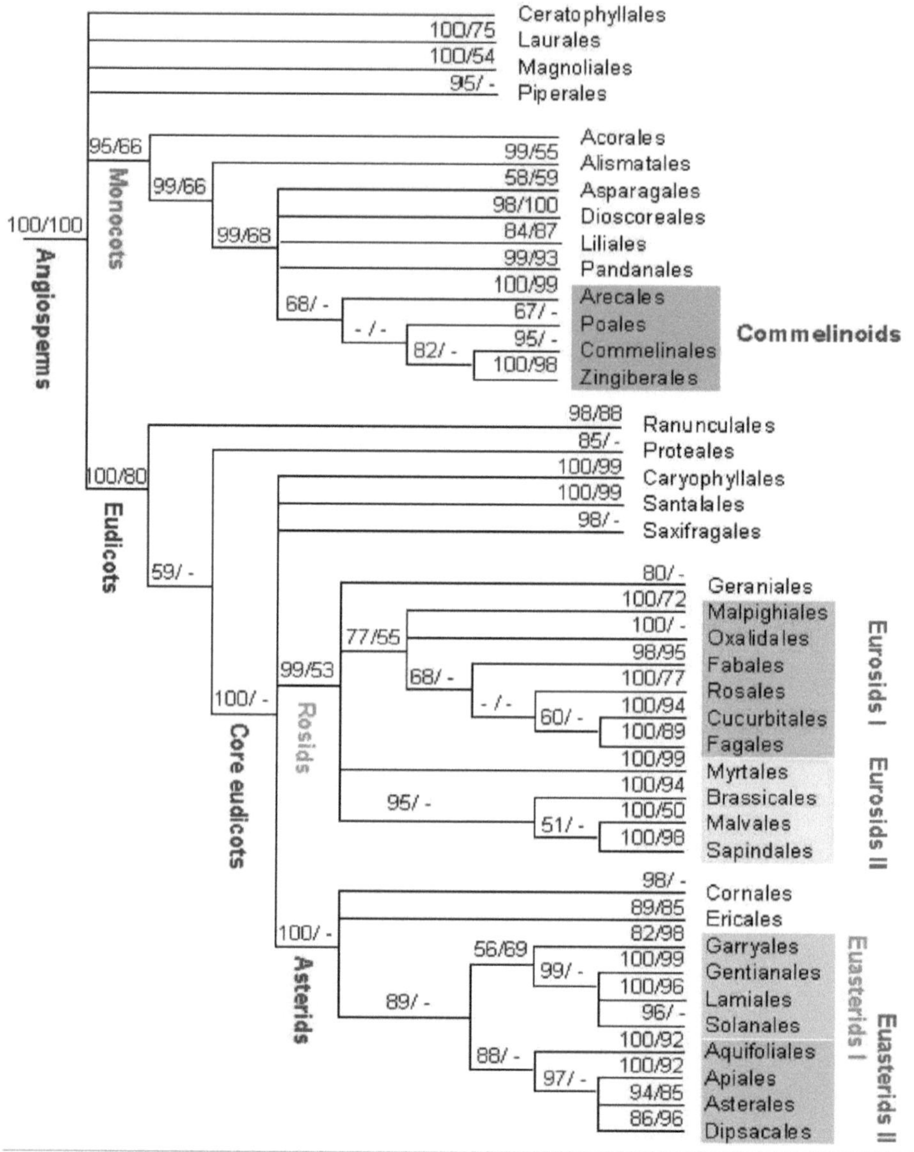

Objecções aos sistemas de classificação APG

1-Muitas encomendas e famílias foram colocadas de forma incerta em grupos não relacionados.

2 - Existem muitas ordens monofiléticas.

3-Muitas encomendas representadas por uma única família.

4-O grupo **Amborellales** está representado por uma única espécie.

5 - Há um número de famílias colocadas sem atribuição de ordens.

6-O prefixo Eu- não é aceite por muitos cientistas.

7-O Nenúfar e uma Magnoliácea colocadas num clado basal de angiospérmicas sem atribuição a monocotiledóneas ou dicotiledóneas.

8-As Liliales: as Liliaceae foram divididas em várias famílias, e muitas delas foram transferidas para uma nova ordem de Asparagales, que também contém as Orquídeas.

9-Uma grande mudança em Poales: as gramíneas colocadas longe dos juncos, taboas e até das... Bromélias.

10-A mudança em Scrophulariaceae, que perdeu muitas espécies para Plantaginaceae, mas ganhou *Buddlej*, é inaceitável.

11-Muitas famílias não relacionadas juntaram-se de acordo com as suas sequências de ADN.

12- As famílias Nymphaeaceae e Schisandraceae não pertencem nem a monocotiledóneas nem a dicotiledóneas.

Por esta e muitas outras objecções, os sistemas APG são considerados sistemas artificiais de classificação porque dependem apenas de um carácter (sequências de ADN). Por conseguinte, os taxonomistas tentaram obter um sistema mais natural, combinando as sequências de ADN com outros instrumentos de taxonomia, como a palinologia, a morfologia das sementes, a anatomia, etc.

<u>Sistema Shipnov (2005)</u>

Análises cladísticas recentes estão a revelar a filogenia das plantas com flores com cada vez mais pormenor, e há apoio para a monofilia de muitos grupos importantes acima do nível de família. Com muitos elementos da principal sequência de ramificação da filogenia estabelecidos, uma classificação suprafamiliar revista das plantas com flores torna-se viável e desejável. Neste sistema, **uma classificação de 462 famílias de plantas com flores em 40 ordens putativamente monofiléticas e um pequeno número de** grupos **monofiléticos** informais superiores. Estes últimos são as monocotiledóneas, as commelinoides, as eudicotiledóneas, as eudicotiledóneas centrais, as rosáceas, incluindo as eurosídeas I e II, e as asterídeas, incluindo as euasterídeas I e II. Nestes grupos informais estão também listadas várias famílias sem atribuição de ordem. No final do sistema encontra-se uma lista adicional de famílias de posição incerta para as quais não existem dados concretos sobre a sua colocação em qualquer parte do sistema.

Este sistema (Sistema Shipnov) **reflecte basicamente o trabalho do <u>Angiosperm Phylogeny Group</u> <u>(APG)</u>***. Hoje em dia, utilizando **o ADN e outras propriedades químicas, bem como dados de microscopia eletrónica (ME) de, por exemplo, grãos de pólen, esporos e flagelos,** obtêm-se resultados significativamente diferentes dos que se obtinham, por exemplo, há 10 anos, quando esses dados estavam muito menos disponíveis. Outro grande desenvolvimento neste domínio de especialização é o **processamento sistemático de quantidades muito elevadas de dados com o computador.** Os resultados são <u>**visualizados em cladogramas; uma espécie de árvores evolutivas, que mostram as relações exactas entre os espécimes examinados.**</u>

<u>**Primeiro**</u>: dê uma olhadela às **antigas Monocotiledóneas e Dicotiledóneas. Encontrá-las-á agora acompanhadas por dois grupos irmãos: um grupo de "Angiospérmicas basais", incluindo o Nenúfar, e um clado de Magnoliáceas.** Assim, estas duas últimas **já não pertencem às verdadeiras Dicotiledóneas, nem às Monocotiledóneas.** Uma outra novidade importante teve lugar no seio e em torno das Liliales**: as Liliaceae foram divididas em várias famílias, e muitas delas foram transferidas para uma nova ordem de Asparagales, que inclui também as Orquídeas.** Uma grande **mudança** também **no seio de Poales**: as **gramíneas ganharam companhia dos juncos, taboas** e até das... Bromélias. Não diretamente visível no sistema acima **é a mudança em Scrophulariaceae**, que perdeu muitas espécies para Plantaginaceae, mas ganhou *Buddleja*. E estes são apenas alguns exemplos das muitas mudanças...

Shipnov substituiu alguns dos nomes utilizados por Judd e pela APG por alternativas mais conformes às normas no domínio da nomenclatura taxonómica. Das suas observações e da rejeição dos sistemas APG resultam os seguintes elementos:-

1- **Por exemplo, "Euasterids I" tornou-se "Lamianae".**

2-**A terminação -anae indica uma superordem;** Shipnov utilizou-a sempre, em vez da obsoleta -**iflorae.**

3- O autor não gosta de números nos nomes, nem de prefixos Eu- quando não são explícitos: <u>o que</u> é então eu/bom (Eukaryotes está bem, mas acha que Euasterids é um mau nome).

4-**Para** ele, as Dicotiledóneas e as Gramíneas podem ficar; aparentemente, mereceram os seus nomes únicos, e algum respeito por esse facto é apenas adequado.

<u>**Os objectivos do autor**</u>

1) **Um <u>clado </u> é um grupo de plantas, animais ou outros organismos, constituído por uma**

espécie ancestral e todos os seus descendentes (= um grupo monofilético = um grupo natural = um ramo particular da árvore da vida, incluindo todos os ramos laterais desse ramo). A palavra *clado* vem de *cladograma* e *cladística*, e o radical dessas palavras foi retirado do grego: *klados* = ramo. **Um grau evolutivo é um conjunto de ramos laterais (clados) vizinhos, com um grau de desenvolvimento semelhante.** O ancestral comum não é exclusivo aqui, mas é também um ancestral de um clado apical (mais desenvolvido). Um *grau* é frequentemente definido em relação ao clado apical, que é pela ausência de caracteres mais desenvolvidos. Mas quando um grupo mais desenvolvido é um clado, não se segue que as restantes espécies menos desenvolvidas também pertençam a um único clado.

2) Os nomes Malvanae e Lamianae pretendem ser contrapartidas taxonómicas formais para os termos filogenéticos informais da APG, viz: "Eurosids II" e "Euasterids I", respetivamente.

3) [th]A terminação -iflorae para as superordens lembra a ordem Tubiflorae do século XX, mais tarde elevada à categoria de superordem (e, no sistema acima, à subclasse). Armen Takhtajan propôs a terminação -anae para as superordens em 1967 e, no final da década de 1980, era de uso comum ("florae" soa estranho para plantas sem flor).

4) Tomemos o exemplo das Monocotiledóneas e das Dicotiledóneas. Num passado recente, houve tentativas de substituir estes nomes por Liliidae e Magnoliidae, respetivamente. Isto é, quando o autor os classificou como subclasses. No sistema acima, eles são vistos como classes, então deveria ter sido Liliopsida e Magnoliopsida. Tais nomes sistemáticos **não são explícitos;** eles dependem do contexto, da visão do autor. Outro argumento contra estes nomes é o facto de terem de ser **substituídos quando há novos conhecimentos sobre filogenia.** De facto, é o caso dos dois nomes deste exemplo.

5-As Lilíadas não ultrapassam o nível da ordem atual (Liliales); a superordem acabou por não ser um clado, mas sim um grau, na melhor das hipóteses.

6) As Magnoliáceas são retiradas das Dicotiledóneas, pelo que o nome Magnoliopsida se refere agora apenas a um pequeno grupo, irmão das Monocotiledóneas e Dicotiledóneas s.s.. A familiaridade, a estabilidade e o carácter inequívoco de muitos nomes mais antigos compensariam uma possível pequena mudança de significado. O que conta é o facto de o leitor ter uma pista sobre a natureza do grupo em questão.

Hoje em dia, o **conceito de tipo de Aristóteles** (*que defende que as espécies são entidades não variáveis e fixas e que se baseiam numa forma ideal ou fixa ou num tipo*) foi tomado em consideração e os taxonomistas sentiram-se à vontade para o aplicar.

Comparison of recent phylogenetic classifications APG II and Thorne	
APGII (2003)	**Thorne (2006)**
Unplaced families at base:	**Subclass 1. Chloranthidae**
Amborellaceae, Cabombaceae,	**2. Magnoliidae**
Chloranthaceae, Nymphaeaceae	**3. Alismatidae**
Informal Goups 1. Magnoliids	**4. Liliidae**
2. Monocots	Superorder: Lilianae
Order: Liliales	Order: Liliales
Family: **Liliaceae**	Family: **Liliaceae**
3. Commelinids	Order: Poales
Order: Poales	Family: **Poaceae**
Family: **Poaceae**	**5. Commelinidae**
4. Eudicots	**6. Ranunculidae**
Order: Ranunculales	Superorder: Ranunculanae
Family: **Ranunculaceae**	Order: Ranunculales
5. Core Eudicots	Family: **Ranunculaceae**
Order: Caryophyllales	**7. Hamamelididae**
Family: **Amaranthaceae**	**8. Caryophyllidae**
(inc. **Chenopodiaceae**)	Superorder: Caryophyllanae
6. Rosids	Order: Caryophyllales
7. Eurosids I	Family: **Chenopodiaceae**
Order: Malpighiales	**9. Rosidae**
Family: **Euphorbiaceae**	Superorder: Geranianae
Order: Fabales	Order: Euphorbiales
Family: **Fabaceae**	Family: **Euphorbiaceae**
8. Eurosids II	Superorder: Rosanae
Order: Brassicales	Order: Rosales
Family: **Brassicaceae**	Family: **Fabaceae**

Order: Malvales	Superorder: Malvanae
Family: **Malvaceae**	Order: Malvales
Order: Sapindales	Family: **Malvaceae**
Family: **Rutaceae**	Superorder: Capparanae
9. Asterids	Order: Capparales
10. Euasterids I	Family: **Brassicaceae** Superorder: Malvanae
Order: Gentianales	
Family: **Apocynaceae**	Order: Malvales
(inc. **Asclepiadaceae**)	Family: **Malvaceae**
Order: Lamiales	Superorder: Rutanae
Family: **Acanthaceae**	Order: Rutales
Family: **Lamiaceae**	Family: **Rutaceae**
Order: Solanales	**10. Asteridae**
Family: **Solanaceae**	Superorder: Aralianae
11. Euasterids II	Order: Araliales
Order: Apiales	Family: **Apiaceae**
Family: Apiaceae	**11. Lamiidae**
	Superorder: Solananae
	Order: Solanales
	Family: **Solanaceae**
	Superorder: Lamianae
	Order: Rubiales

Literatura importante

Adl, S.M.; Simpson, A.G.B.; Lane, C.E.; Lukes, J.; Bass, D.; Bowser, S.S.; *et al.* (2015). *"A classificação revisada de eucariotos".* Jornal de Microbiologia Eucariótica. **59**: 429-493.

Altschul S.F, Gish W, Miller W, Myers E.W, Lipman D.J (1990). Ferramenta básica de pesquisa de alinhamento local. J. Mol. Biol. 1990;215:403-410.

Baldwin B.G.(1992), Phylogenetic utility of the internal transcribed spacers of nuclear ribosomal DNA in plants: Um exemplo das Compositae. Mol. Phylogenet. Evol.;1:3-16.

Braslavsky I, Hebert B, Kartalov E, Quake S.R.(2003). A informação sobre a sequência pode ser obtida a partir de moléculas de ADN simples. Proc. Natl. Acad. Sci. USA. 100:3960-3964.

Cavalier-Smith, T. (1998). "Um sistema de vida revisado de seis reinos". *Biological Reviews.* **73** (03): 203-66.

Chatton, E. (1925). *"Pansporella perplexa. Reflexões sobre a biologia e a filogenia dos protozoários". Annales des Sciences Naturelles - Zoologie et Biologie Animale. 10- VII: 1-84.*

Copeland, H. (1938). *"Os reinos dos organismos". Quarterly Review of Biology. 13: 383-420*

Datta, Subhash Chandra (1988), *Systematic Botany (4 ed.). Nova Deli: New Age Intl. ISBN 8122400132. Recuperado em 25 de janeiro de 2015.*

Gaston, K. J. (2000). "Padrões globais de biodiversidade". *Nature.* **405** (6783): 220-227.

Gaston, K. J.; Spicer, J. I. (2004). *Biodiversity: An Introduction.* Wiley.

Haeckel, E. (1866). *Morfologia Genérica dos Organismos. Reimer, Berlim.*

Judd, W.S., Campbell, C.S., Kellogg, E.A., Stevens, P.F., Donoghue, M.J. (2007) Taxonomia. Em *Plant Systematics - A Phylogenetic Approach, Terceira Edição.* Sinauer Associates, Sunderland.

Karp A, Seberg O, Buiatti M.(1996). Técnicas moleculares na avaliação da diversidade botânica. Ann. Bot.;78:143-149.

Kress W.J, Wurdack K.J, Zimmer E.A, Weigt LA, Janzen D.H. (2005). Utilização de códigos de barras de ADN para identificar plantas com flor. Proc. Natl. Acad. Sci. ;102:8369-8374.

Kress W.J, Erickson D.L, Jones F.A, Swenson N.G, Perez R, Sanjur O, Bermingham E.(2009). Códigos de barras de DNA de plantas e uma filogenia comunitária de uma parcela de dinâmica de floresta tropical no Panamá. *Proc. Natl. Acad. Sci.* USA. 9;106:18621-18626.

Krogh, D., 2000. *Biologia: um guia para o mundo natural* Prentice Hall, Inc.

Lerner H.R.L, Fleischer R,C.(2010). Perspectivas para a utilização de métodos de sequenciação de nova geração em Ornitologia. The Auk. 127:4-15.

Linnaeus, C. (1735). *Systemae Naturae, sive regna tria naturae, systematics proposita per classes, ordines, genera & species.*

Linnaeus, C. (1753) *Species Plantarum.* Estocolmo, Suécia.

Linnaeus, **C. (1758)** *Systema naturae, sive regna tria naturae systematice proposita per classes, ordines, genera, & species,* 10ª Edição. Haak, Leiden.

Luketa S. (2012). *"Novas visões sobre a megaclassificação da vida"* (PDF). *Protistology. 7 (4): 218-237*

Mayr, E. (1968). "The Role of Systematics in Biology: O estudo de todos os aspectos da diversidade da vida é uma das preocupações mais importantes da biologia", *Science*, **159** (3815): 595-599.

Mayr, E. (1982). The changing intellectual milieu of biology. Em *The growth of biological thought*, 83-146. Cambridge, MA: Belknap.

Morton, A. G. (1981). *History of botanical science: An account of the development of botany from ancient times to the present day.* Londres: Academic Press.

Prober JM, Trainor GL, Dam RJ, Hobbs FW, Robertson CW, Zagursky RJ, Cocuzza AJ, Jensen MA, Baumeister K. (1987). Um sistema para sequenciação rápida de ADN com dideoxinucleótidos fluorescentes que terminam em cadeia. Science. ;238:336-341.

Ruggiero, M.A.; Gordon, D.P.; Orrell, T.M.; Bailly, N.; Bourgoin, T.; Brusca, R.C.; et al. (2015). *"Uma classificação de nível superior de todos os organismos vivos".* PLoS ONE. *10 (4)*

Sanger F, Nicklen S, Coulson A.R.(1977). Sequenciação de ADN com inibidores de terminação de cadeia. Proc. Natl. Acad. Sci. USA. ;74:5463-5467.

Schuster S.C.(2008). A sequenciação de nova geração transforma a biologia atual. Nat. Methods.5:16-18.

Simpson, G. G. (1961). Systematics, taxonomy, classification, nomenclature. In *Principle of animal taxonomy.* Por G. G. Simpson, 1-34. New York: Columbia Univ. Press.

Simpson, M.1 G. (2010). *"Capítulo 1 Sistemática vegetal: uma visão geral".* Plant *Systematics (2ª ed.). Academic Press.*

Small, E. (1989). "Sistemática da Sistemática Biológica (Ou, Taxonomia da Taxonomia)". *Taxon.* **38** (3): 335-356.

<u>Stace, Clive A.</u> (1989) [1980]. *Plant taxonomy and biosystematics (2ª ed.)*. *Cambridge: Cambridge University Press*. *Recuperado em 29 de abril de 2015.*

Stevens, P. F. (1986). Evolutionary classification in botany, 1860-1985. *Journal of the Arnold Arboretum* 67:313-339

Stuessy, Tod F. (2009). *Taxonomia de plantas: The Systematic Evaluation of Comparative Data (A avaliação sistemática de dados comparativos). Imprensa da Universidade de Columbia. Recuperado em 6 de fevereiro de 2014.*

Wheeler, Quentin D. (2004). "Triagem taxonómica e a pobreza da filogenia". Em H. C. J. Godfray & S. Knapp. *Taxonomy for the twenty-first century. Philosophical Transactions of the Royal Society.* **359**. pp. 571-583.

Whittaker, R. H. **(1969).** *"Newconcepts of kingdoms of organismos". Science. 163 (3863): 150-60.*

Williams J.G.K, Kubelik A.R, Livak K.J, Rafalski J.A, Tingey S.V(1990). Os polimorfismos de ADN amplificados por iniciadores arbitrários são úteis como marcadores genéticos. Nucl. Acids Res. 18:6531-6535.

Wilson, E. O.(2004). A taxonomia como disciplina fundamental. *Philosophical Transactions of the Royal Society of London B* 359:739.

Woese, C.; Kandler, O.; Wheelis, M. (1990). *"Rumo a um sistema natural de organismos: proposta para os domínios Archaea, Bacteria e Eucarya". Actas da Academia Nacional de Ciências dos Estados Unidos da América. 87 (12): 4576-9.*

Printed by Books on Demand GmbH, Norderstedt / Germany